辐 射
需要了解的真相
RADIATION: What It Is, What You Need to Know

【美】 罗伯特·彼得·盖尔（Robert Peter Gale） 著
艾里克·拉克斯（Eric Lax）

隋竹梅 译

全国百佳图书出版单位

化学工业出版社

·北京·

宇宙诞生于一次核爆炸。我们生活在一个具有放射性的星球上。如果没有辐射，那么地球上就不会有生命。然而，人们对辐射仍然有着深深的误解，而且往往存在着不必要的担心。

　　罗伯特·彼得·盖尔医学博士是这个领域里世界前沿的专家之一，在本书中，他与医学作家艾里克·拉克斯利用非凡的知识打破了辐射的许多误解，帮助读者弄清了铀、钚、放射性碘、X射线、CT扫描以及食品辐照这类问题的真相。在这本引人入胜的书中，作者引用了最新的研究，加上盖尔对世界各地辐射事故受害者进行治疗的广泛经验，对辐射的知识、利弊和风险进行了介绍。对于切尔诺贝利、福岛事故之后的世界来说，本书是一本有启发性的、必不可少的指南。

Radiation, what it is, what you need to know, first edition/by Robert Peter Gale, Eric Lax
ISBN 978-0-307-95020-8
Copyright © 2013 by Robert Peter Gale, M. D., Ph. D., and Eric Lax. All rights reserved.
This translation published by arrangement with Alfred A. Knopf, an imprint of The Knopf Doubleday Group, a division of Penguin Random House, LLC.

本书中文简体字版由 Vintage Books 授权化学工业出版社独家出版发行。

北京市版权局著作权合同登记号：01-2018-7418

图书在版编目（CIP）数据

辐射：需要了解的真相/（美）罗伯特·彼得·盖尔（Robert Peter Gale），（美）艾里克·拉克斯（Eric Lax）著；隋竹梅译. —北京：化学工业出版社，2018.10（2023.9重印）
书名原文：Radiation：What It Is，What You Need to Know
ISBN 978-7-122-32786-4

Ⅰ.①辐… Ⅱ.①罗…②艾…③隋… Ⅲ.①辐射-普及读物 Ⅳ.①TL99-49

中国版本图书馆 CIP 数据核字（2018）第 176495 号

责任编辑：刘心怡　　　　　　　　　　装帧设计：关　飞
责任校对：王素芹

出版发行：化学工业出版社（北京市东城区青年湖南街 13 号　邮政编码 100011）
印　　装：涿州市般润文化传播有限公司
880mm×1230mm　1/32　印张 7½　字数 145 千字
2023 年 9 月北京第 1 版第 3 次印刷

购书咨询：010-64518888　　售后服务：010-64518899
网　　址：http://www.cip.com.cn
凡购买本书，如有缺损质量问题，本社销售中心负责调换。

定　　价：39.80 元　　　　　　　　　版权所有　违者必究

献给过去 30 年中，在美国、俄罗斯、乌克兰、白俄罗斯、巴西、日本、中国以及其他地方的，针对这些全球核能与辐射事故进行过合作的、我尊敬的同行们。他们教会了我很多东西。此外，对诸多英雄们，我献上自己最深的敬意和钦佩。其中有些人，我们有幸把他们救回来，而还有些人，与这些悲剧事件做过斗争，献出了生命。

——罗伯特·彼得·盖尔

献给乔纳森·西格尔（Jonathan Segal），是他，提高了写作水平，并促进了友谊。

——艾里克·拉克斯

致读者

　　几乎任何东西都具有放射性，包括我们自己本身，只不过某些东西比另外一些东西的放射性更强而已。辐射有好几种形式，但可以简单地分为两类：电离辐射与非电离性辐射。电离辐射能够产生有益的影响，也能够致癌，并造成其他有害影响；而非电离辐射，除某些紫外线辐射之外，一般来说几乎不会造成伤害，反而有不少的好处。辐射可以是自然发生的，也有人工的。美国人所接触到的辐射，来自自然的辐射与人工辐射的量几乎是均等的。对美国人和欧洲人来说，天然存在的辐射水平相仿，但是欧洲人所受到的人工辐射剂量要小得多，因为他们在医疗过程中，并没有那么广泛地使用电离辐射。同样原因，生活在世界其他地方，如南美洲、非洲和亚洲（日本除外，日本大量使用医疗辐射）的人们，接受到的人工辐射更少些。

　　每当涉及辐射的事故发生时，如1986年在苏联切尔诺贝利核电站发生的灾难性事故，以及2011年发生在日本福岛第一核电站的事故，各地的人们都在问着看似简单的问题：释放出来的辐射对个人、对家人会有什么风险？通过空气可能会传播什么危害？对自己的孩子所吃的食品、饮用水、海洋生物、环境等会产生什么影响？出现这些担心都是正常的。新闻报道则加剧了这一系列担忧，这些新闻报道有时相互矛盾，而且往往引用"专家们"的观点，而这些观点差异又很大。

人们不仅担心核电设施发生的事故，而且也担心许多其他辐射源，如牙齿、胸部、手或腿脚受伤时拍 X 光片的辐射；为胸部或腹部做的电子计算机断层摄影扫描（CT 扫描）；阳光以及日光浴；还有来自手机电话的无线电波等。核事故释放出来的放射性，达到何种程度会增加患癌症的风险，辐射给孕妇及胎儿会造成什么样的危害，还有，来自核武试验的大气中的辐射会有什么影响等，我们都想知道。

关于所有的辐射来源可能引起的健康后果，信息往往是相互矛盾的，可能使人感到困惑，而对如何减少来自辐射的危害风险，不知所措。对于因辐射引起癌症的风险，与生活中其他情况引起癌症的风险，又如何来进行比较呢？这些担心都是合理的，应该有直截了当的、明白的、可靠的答案，本书想为此提供答案。

由于辐射无处不在——它以多种形式影响着我们的生活，就算读完这本书，也不可能对关于辐射的一切得到一个确定的答案。那根本是不可能的。但是，读完这本书后，你会得到足够的知识，并能够更好地理解这个话题。在辐射对健康的影响和风险方面，本书有助于你做出合情合理的、知情的决定。虽然辐射与很多危险有关，但事情或许根本不像自己想象的那样可怕。实际上，辐射每天都在拯救生命：镅-241 使很多烟雾探测器起作用；氚使荧光粉受激，照亮某些写着"出口"的道路标志；伽马射线可测试飞机、桥梁和摩天大楼的结构完整性；钴-60 以及其他辐射源可用来诊断和治疗癌症。本书所谈的话题虽然可怕，但却可能在某种程度上，通过信息与知识，使大家对辐射的忧虑虽不能大大放松，也会有些许放松吧。

目 录

导　言 /001

　"铯炸弹" /001

　辐射与人类 /008

第 1 章　估量风险 /020

　辐射的致癌风险 /020

第 2 章　辐射——发现至今 /035

　辐射发现简史 /035

　原子弹 /049

　对辐射恐惧的演变 /057

第 3 章　辐射的性质 /061

　"半衰期" /064

碘-131 /071

大气层核武器试验放射性尘降物的影响 /083

切尔诺贝利事故 /087

治疗辐射伤害的新手段 /091

切尔诺贝利和福岛事故的区别 /095

第 4 章 辐射与癌症 /099

辐射如何引起癌症？ /099

钋-210、氡-222 以及癌症 /101

锶-90 与肉瘤 /105

紫外辐射与皮肤癌 /112

第 5 章 遗传疾病、出生缺陷与辐照食品 /122

遗传疾病与出生缺陷 /122

辐照食品有危险吗？ /135

第 6 章 辐射与医疗 /139

乳房 X 光检查 /139

肺癌筛查 /143

计算机断层扫描（CT 扫描） /145

正电子发射计算机断层扫描（PET 扫描） /149

放射疗法　/150

放射治疗的长期影响　/157

● 第 7 章　炸　弹　/159

核武器　/159

炸弹与核反应堆事故的中子　/165

"脏弹"　/169

核电设施可以是核辐射武器　/172

辐射事故　/173

● 第 8 章　核能与放射性废料　/177

是否有安全发电方式?　/177

放射性废料　/188

● 第 9 章　总　结　/200

● 问与答　/207

● 参考文献　/222

导　言

"铯炸弹"

　　1985 年，在巴西的戈亚尼亚，有两位放射科医生使用含有钴-60 和铯-137 的放射性治疗机治疗癌症病人，后来他们搬到了新的办公地址。医生们计划带走这些机器，可是原来医院建筑的主人称铯-137 机器属于他，不让带走。此争执闹到了法庭。一直到第二年，医院建筑的主人还没有找到其他医生来租用该建筑，此建筑便一直空在那里，最终建筑年久失修，后来被部分拆除。过了两年，其中一位放射科医生回来要搬走这套铯-137 设备，但是奉命参与此事的警察阻止了他。针对自己称之为"铯炸弹"的机器可能发生的情况，放射科医生警告房主说，必须有人对此负起责任，并给国家医疗部门的主任写了信，该部门派来的警察阻止房主挪走这部机器，提醒他潜在的辐射危害。法庭的回答是，在设备放置处安排一位保安人员，每天 24 小时值班，阻止有人靠近，尤其是不允许拾废品的人进入建筑内。不管怎么说，有保安人员在，有 4 个月安然无事。

1987年9月13日，日间值班的保安为了与家人一道看一部片名为"金龟车大闹南美洲"的电影而请了病假。但没有替代的保安人员被派过来。有两个拾荒者早就听到传言说，建筑内有值钱的设备，便趁此机会进入建筑内，看到了那台大型的有金属外壳的铯-137设备，他们以为这个废品很值钱。这种机器在原封未动时，铯-137是封装在一个钨-钢包套内的，四周用铅包住，不至于使靠近的人接触到铯-137释放出的伽马射线。如果有人在这种没有屏蔽的射线前3～6英尺（1英尺约等于0.3米）处呆上一两个小时左右，就可能接受到致命剂量的辐射。这两个拾荒者并不知道他们的战利品有潜在的危险，他们花了好几个小时去挪动那个看起来极为值钱的、含有铯-137的发光不锈钢旋转组件。不用说，那当然是极其危险的。他们一挪动那个组件，就潜在地接触到铯-137射线，就等于使这部机器开动起来。

他们把组件装到手推车上，带着它走了五六百米，来到其中一人的家里，把它放到花园里的一棵杧果树下。由于那个组件不能够再屏蔽铯-137释放的伽马射线，所以不到48小时，这两位拾荒者就产生了头晕、恶心和腹泻的症状。他们去门诊看病，得知不是食物过敏就是食物中毒。其中的一位拾荒者不顾自己还在生病，继续设法弄开那个装有铯-137的包套，深信里面有更值钱的东西，后来，终于把装有铯的那个橘子般大小的包套厚玻璃口弄破，并挖出来了一些。他起初以为那些铯是火药，但是他和几个同伴无法将其点燃。一经触摸后，他们便受到了辐射污染。他们的身体上很快显示出辐射烧伤。

偷走那台设备之后过了几天，其中的一位拾荒者把拆卸的部件卖给了一个废料场的主人，废料场的主人把这件东西放到了自家的车库里，此时危险已经升级了。当晚，这位废品经销商注意到从他新收购的物件中放射出一种蓝光。（铯，即"Cesium"，这个词源自拉丁文"Cassius"，意思是"天的蓝色"。在此种情况下，蓝色便是铯的荧光，而非辐射本身。）他立即被这种发光的粉末迷上了，他以为这种粉末很贵重，甚至有可能是超自然的，于是就把它拿回去给家人看。在后来的三天里，他邀请了其他亲朋好友都来观赏这一奇物，并分给每个人一些。这些人不但受到铯-137的污染，而且此后还把铯-137散布到他们所到之处。其中一人拿到了足够多的铯，在他的肚皮上画下了一个十字，还把剩下的那部分拿回家给自己家里人看。他有个6岁的女儿，把铯涂在了自己的身体上，得意扬扬地让妈妈看她光芒四射，后来在吃饭的时候又把粘在手上的一部分吃下了肚。当这位废品经销商把这部机器的其余部分卖给了另一位经销商之后，污染进一步扩散。

拾荒者卖掉这部机器15天后，把这部设备买下来的那位废品经销商的太太，发现她家里和朋友中的不少人都病倒了。于是她去了存有放射性设备其余部分的那个废料场，把这部分废料装入一个塑料袋中，并乘坐一辆穿过市区的公共汽车，来到一家公共卫生诊所，一路上留下的放射性铯-137的痕迹，可能使数千人受到辐射。到了诊所后，她把塑料袋放在给她看病的医生的办公桌上，对医生说，此物使她的家人都病倒了。

该医生以为她患上了热带疾病，便把她送到一家医院，一些接触过铯-137的其他病人已经在此医院收治，做出的诊断相同。起初，那位医生对放在他桌上的包裹不以为然，后来，怀疑那件东西可能有危险，就把它拿到了院子里，在院子里放了一天。

医院的一位医生怀疑，那么多人都有皮肤损伤，有可能是受到辐射伤害所致。他就与国家环保局联系，并建议由一位医学物理学专家对塑料袋内的物品进行检查。正巧，有一位医学物理学专家此时正在戈亚尼亚，第二天，他从政府机构借了一台用于地质测量的盖格计数器❶来到医院。他发现路途中记录的读数十分高，就以为这部仪器坏了，于是回去换了一部仪器。在他前往医院的途中把仪器关掉了。

就在这位物理学专家去取盖格计数器期间，诊所的一位医生对包裹内的东西越发疑心，便给消防队打了电话。说时迟那时快，此时物理学专家正巧赶到，阻止了消防队员往河里扔那个包裹。当他打开带来的探测仪器后大吃一惊，他发现，不管包裹中装有何物，它释放出的辐射量超出正常值的数百万倍。

放射性事故的消息，引起了广泛的不解和担忧。当局向那些曾经有辐射受害者去过的医院发出警告，并设法找到每个可能受到辐射的人，使辐射的传播终止。他们从已知接触过铯-137的人那里，收走了所穿过的衣服。结果，需要监测的人多达11万。其中很多人被带到该城的足球场进行评估和分诊。

---

❶　测量放射性的仪器。——译者注

这些人在那里洗淋浴，以便让自己去除污染，并住在帐篷里。一次辐射事故发生后，如果要在一大批人中确定谁最需要帮助，最容易的办法就是，让每一个感到恶心的人站出来。感到恶心，说明辐射量至少达到 1 千毫西弗（mSv，后面还要谈到），如果达到这种水平，那么在两天之后，受到辐射影响的血细胞便会死亡，会出现贫血、出血等并发症和感染等。

至此，事情出现了另一个转折。巴西海军有一个秘密核项目安排，旨在对抗一项预期的阿根廷制造核武器的计划，执政者担心辐射事故的消息可能会泄露他们的安排，于是就把一个商业性核电站的雇员们集中在一起飞往戈亚尼亚——这些人是国内唯一对辐射有丰富经验的人。抵达后，他们用盖格计数器对足球场的几千人进行了辐射污染检查。总共有 249 人确定接触过铯-137。有 120 人皮肤或衣服上有少量辐射性残留物，经过彻底清洗很快就去除了污染。余下的 129 人需要加倍关注：79 人受到皮肤或体外辐射，需要治疗但无需住医院，有 50 人表现出受到了较高剂量的辐射。其中有 20 人被送往医院。14 人患有骨髓衰竭病（血细胞制造停止，如不改变这种情形就会致命）。患有骨髓衰竭病的其中 10 人，加上另外 4 位病人被秘密地用飞机转到里约热内卢市的玛塞罗迪亚斯海军医院。

里约的医生们对于这种程度的辐射急诊经验不多。幸好丹尼尔·塔巴克（Daniel Tabak）医生，一位血液学专家，曾与我们的同行鲍勃·盖尔（Bob Gale）一起工作过，他们认识。在一年前，鲍勃·盖尔曾帮助治疗过切尔诺贝利事故中受到非常高剂量辐射的救火员和其他人员，这些人在核电站发生爆炸和大火时曾到场救援。（在过去 25 年中，他广泛地参与了几乎每一次重大核事故受害者的救治，并参与鉴定这些事故对健康的长期影响，也包括福岛的那一次事故。）塔巴克查到鲍勃在德国的波恩，刚刚就核辐射的题目在议会委员会作完了发言，于是塔巴克问他是否能立即赶到里约市来。

鲍勃一听到所发生的事就知道，新近研制出来的、称为重组人体粒细胞巨噬细胞集落刺激因子的激素将会派上用场，这是他从治疗切尔诺贝利受害者以及与加州大学洛杉矶分校的同行戴维·高迪（David Golde）一起工作的经验中得知的。当时正在利用这种激素对接受抗癌化疗的人进行临床试验。鲍勃和他的苏联同行曾经在切尔诺贝利事故（后面要讲到）后用过这种药，而且他知道巴西没有这种药。此药激发骨髓细胞产生粒细胞，这是抗感染的白细胞。有严重辐射疾病者的骨髓无法产生足够的血细胞来维持自己的生命，于是医生就给他们输进（运输氧的）红细胞和（凝血的）血小板，加上抗生素和抗病毒药物。但是输血不能有效地提供粒细胞——它们必须在体内产生。

鲍勃给 100 英里之外莱茵河畔法兰克福的一位同事罗兰·莫泰尔斯曼（Roland Mertelsmann）打电话，他正在试验这种激素。莫泰尔斯曼以及他所工作的山德士（Sandoz）瑞士医药公司同意给鲍勃一些这种药在巴西使用。鲍勃火速赶到法兰克福，取了药，用干冰打包，放入聚乙烯泡沫塑料盒，差一点没能赶上当天的末班飞机。

鲍勃没办签证就抵达里约，蒸发的干冰从盒子里冒着二氧化碳气体。没有办签证不是什么问题，行李冒着气也不是什么问题，但是他被认出却是一个问题。在切尔诺贝利事故发生一年之后，鲍勃仍然容易被人认出。巴西海军不想让人们看到一位医治辐射受害者的名医出现在里约。塔巴克见到了他，快速把他带出了移民局和海关，然后叫他躺在一辆汽车后座上，这样，在前去旅馆和海军医院的路上就不会被人看到了。

由于受害者通过触摸，甚至通过食物和水，已经吸收了铯-137，因此他们的身体便具有放射性（这里指的是人体内铯-137的放射性，而非人体本身的放射性），这样，就对照顾他们的人构成了风险。由于对未出生的婴儿来说，这有潜在的放射性危害，所以，不允许怀孕的护士，或正处于生育年龄的护士在这个医务队伍中工作。为了避免与受害者身上释放的辐射有任何不必要的接触，医生和护士通常在铅板屏蔽层后面工作。然而，这样做并不实际。患者都是急症病人，带有铅板这样的累赘物是无法料理病人的。鲍勃和其他人的看法是，自己接触到的放射性对今后的生活来说，造成的危害是低风险的，因此没有穿戴铅板。很幸运，在后来的25年中，这没有对他们中间任何一个人产生不良影响。

接受骨髓激素治疗的8人中，有4人活了下来。死者中包括最初那位废品经销商的妻子，是她把装零件的口袋拿到了医疗卫生所的，还包括那位把铯-137吃进肚子里、又涂在身上的小姑娘。辐射杀死了他们的白细胞，却让细菌进来了，他们死于感染。一位受害者因为严重的辐射烧伤需要前臂截肢。但是送到里约的14位受害者中有10人从磨难中存活了，在戈亚尼亚进行治疗的那些人也活了下来。（鲍勃还有一个小小的戏剧性插曲。负责这个秘密项目的巴西海军上将非常喜欢鲍勃，但是又怕他离开后泄密，便半开玩笑地在他离开前没收了他的护照，后来又还给了他。）

从这段往事中得出的主要教训是，如果不了解辐射与放射性的内在危险，就会造成伤害甚至会致命。然而，还有一条教训就是，辐射的危险不一定像你认为的那样。有时候看上去像是具备了各种灾难的因素、足以伤害成千上万人的一次事件，实际上伤害到的人相对较少。往往是，我们所害怕的情况与实际情况相去甚远，而这就是我们希望通过本书要缩短的认识上的差距。

辐射与人类

地球诞生于 45 亿年前，它是这个具有放射性的宇宙中的、具有放射性的太阳系中的、一颗具有放射性的行星，这个具有放射性的宇宙，是由大爆炸产生的，而大爆炸发生于 90 亿年之前。辐射则比宇宙更加年长——钍-232 的半衰期大约是 140 亿年，比地球的年龄几乎大 3 倍。然而，只是在 1895 年，当德国物理学家伦琴（Wilhelm Conrad Röntgen，1895—1923 年）发现了 X 射线，我们才对它有了认识。如果没有辐射，地球上便没有生命。

所有的人都具有放射性。我们，还有我们的环境，因捕获光子的绿色植物而存在，光子是光能的基本单位，而光能因太阳本身的热核聚变而产生。植物利用这些光子，通过光合作用把水分解成氢和氧。然后，氢与来自大气中的二氧化碳结合，产生葡萄糖，供植物燃烧产生能量。氧释放到大气层中，供我们，还有所有其他生物呼吸。（有一些微生物生存不需要氧。）当我们吃掉植物，或以植物或植物性产品为生的动物时，葡萄糖燃烧所产生的能量就传递给了我们。

亚原子粒子和辐射的电磁波从太阳流出来，穿过宇宙，撞上地球（还有我们）。光子同时具有粒子和波的性质，但是没有质量，而且它们，还有亚原子粒子，比我们能够看见的，或能够想象的要小得多。电磁波不是以它们的大小，而是以它们的频率（频率与波长成反比，波长即两段波之间的距离）以及它们与频率成比例的能量来分类的：如果你看一看显示出重复波的一条线，那么一段波长就是从这条波的峰到下一条波的峰之间的距离。有些波贴得十分近，它们的波长比一枚大头针的针头还要小一千倍。有些波相隔十分遥远，其波长比半英里还长。波之间的距离越短，它们的能量就越大，它们潜在的"杀伤力"也就越大。当来自太阳或其他来源的波或粒子打击物质（例如人）时，其能量，或者至少其中的一部分能量，就会被转移到该物质。转移的能量越大，辐射剂量也越大，对人的危害也就越大。从危险最小的波（波长最长），到危险最大的波（波长最短）的顺序是，无线电波，然后是微波，红外射线，可见光，紫外射线，X 射线，最后是伽马射线。它们之间有着天壤之别。X 射线比无线电波的能量大约高 1 千万倍，这就使我们明白了，为什么无线电波对我们没有伤害，而 X 射线却能伤害到我们。

　　原子和亚原子粒子是我们生存的核心，然而，它们的微小程度令人吃惊。为了感知它有多么微小，且让我们来看一看柚子吧，假设它充满了氮原子。如果你让每一个原子都成为一个蓝莓那样的大小，那么这个柚子就必须像地球那样的大小，才可以装得下这些原子。你要想看得见一个原子的核，那么，每一颗蓝莓必须要像一个足球场那样的大小才行，这时，原子核就会像一枚小玻璃球那么大。为了解一个原子核的致密程度，不妨心中这样想：假设有 60 亿辆左右的汽车，把它们挤入一个 1 英尺见方的盒子里。而那仅仅是一个原子。比原子核还要小的是质子、中子（组成原子核的大部分质量）和电子这些亚原子粒子。

　　电子和高速电子（亦称 β 粒子）是原子粒子，它们是基本粒子，意思是说它们不能再被分成更小的部分了（虽然最近有些实验认为可以再分）。中子也是粒子（由夸克组成，夸克也是基本粒子），与带一个正电荷的质子（也是由夸克组成）相比，中子不带电荷。结合在一起并具有质量的 2 个质子和 2 个中子，组成一个 α 粒子。

　　这三种粒子——电子、中子和 α 粒子，都会对人有伤害。中子最危险，原因是它具有的能量最高、它们能够穿透得很深、并且能在（人体）组织中沉积大量的能量。从对人的危险性来说，α 粒子属中等，因为它们相对比较大、把能量局部地沉积、不像中子那样穿透很深。电子危险最小，因为它们不能

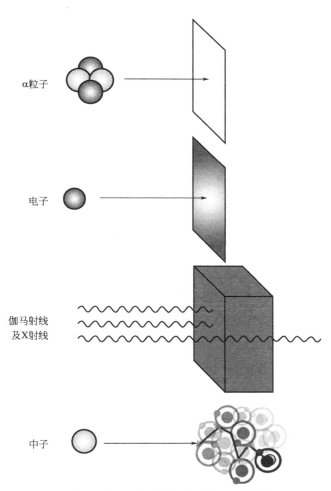

α 粒子、电子、伽马射线及中子的穿透力

α 粒子可以被一张纸阻挡，电子可以被一层布料或一层薄铝片阻挡，

伽马射线和 X 射线要用几英尺水泥板或几英寸铅板来阻挡，

中子可被水泥或几英尺的水阻挡。（图片来源：Robert Gale）

穿透得很深，还因为它们沉积于物质的能量相对较少。第11页的图示表明，电子比 α 粒子穿透得更深，但是随着粒子穿过物质，α 粒子沉积的能量比电子多很多。当原子释放 α 粒子时，这个过程也能导致释放伽马射线（高能电磁辐射），这也会伤及人。有时候这些粒子，尤其是 α 粒子，能进入人体的某个部分，在那里它们会造成相当大的局部损伤。例如，居住在有高浓度氡气地区的人，把大量氡原子吸入自己的肺部，然后 α 粒子释放到周边的组织中。这便是造成肺癌的重要病因，尤其是对不吸烟者来说。

电磁波是看不见的，但是有一个非常重要的例外：可见光。然而，可见光只是一个非常小的部分，其波谱小于电磁波谱的十亿亿分之一。电磁波谱的所有部分都是以辐射（能量运作）的形式存在的。

我们居住在离太阳9300万英里的一颗行星上，这个距离既不太近，也不太远，恰好适合氧和碳基生命。地球上的生命已经进化，能够在这个星球所提供的条件下生存。如果我们仅仅离太阳近5万英里或远5万英里，那么对我们已知的生命来说，我们赖以维持生命的光子，就会过于强，或者过于弱。

或许，我们认为自己是有思维、有肢体、有血有肉的生命，但实际上，我们都是原子和分子，这些原子和分子包裹在半透膜内，即我们的皮肤下，分分秒秒地，在持续不断地进行着亿万次化学反应。这些反应，为我们的大脑、心脏、肌肉以及视觉提供动力。它们促使老细胞生长，或者当我们运动时，或需要修复一次损伤时，使新细胞诞生；它们使人衰老，而且，最终当在它们精疲力竭时，人就会死去。当人体内的化学物质变化时，人也变化了，比如发挥一种作用的细胞，开始发挥不同的作用，或者根本不发挥作用了。细胞内的化学变化可以是有利的，例如太阳以紫外线（UVB）形式发出的辐射，激发皮肤中的细胞从胆固醇中产生维生素 D。维生素 D 的作用必不可少，它帮助我们从饮食中吸收钙，保持自己的骨骼结构。如同植物一样，我们从太阳那里捕获光子。但是紫外线也有危险，它们能够在皮肤细胞的脱氧核糖核酸（DNA）中引起突变，最终会使这些细胞癌变。化学，就是我们的命运。

像微波和无线电波等多种形式的辐射，能量不足以引起它们所撞击到的细胞发生重要变化。但是，其他的，更具能量的辐射，则可以使它们所撞击到的原子改变结构，把电子挤出去，并产生一个带电粒子，即一个离子。这些形式的辐射被称为电离辐射，它们无处不在。有一些是由宇宙诞生时留下来的放射性核素（具有放射性的原子）的自然衰变所产生。另外一些则是人造的或人为的，如来自爆炸的核武器、燃烧的煤（这些煤释放出储存在原煤中的、天然产生的放射性核素）、核电站的裂变铀，以及许多其他来源。足量的电离辐射可以改变人的生活。

热，是能量的一种形式。把正常细胞变成癌细胞所需要的热量，大约是一杯热巧克力含有的热量。所不同的是，热巧克力中的能量是四处扩散的，因此把整个杯子都变热了，而电离辐射的能量，就像是相对于台球框架里的球来说，那个被狠狠击过的主球一般。正如来自主球的能量把框架内的球击散一样，电离辐射把一个电子毫不含糊地从一个原子中赶出去，并且产生了离子，这些离子能够把辐射破坏扩大。

原子有一个被电子云环绕的核。并非所有的原子核都是稳定的。不稳定的核要经历放射性衰变，释放出我们所说的电离辐射。有时候，原子核的这种不稳定性，是吸收了一个亚原子粒子造成的结果。不稳定的原子核能释放出伽马射线、电子以及亚原子粒子的混合体。原子核十分像一条湿淋淋的狗要甩掉身上的水那样，想要摆脱对它来说不正常的东西。用热力学的术语来说，它是在寻求最稳定的形态。这个不稳定期，因不同的物质而有不同的变化，变化有一个已知速率，称为半衰期，半衰期就是释放出二分之一辐射所需要的时间。半衰期可从毫微秒（如镄-277），到几十亿年（钍-232、铀-238）不等。（在第 3 章中将详细说明。）电离辐射有时候会影响细胞的正常工作。例如，当辐射破坏了 DNA 时，通常会很快修复，但是如果修复不当，所发生的化学变化就可能会导致癌症、其他疾病，或导致死亡。

放射性存在于我们的食物和水中，甚至存在于在我们的身体中。它是我们的组成部分，就我们所知并无害处。在我们每个人身体中，都有几种放射性元素，其中不仅有像核裂变造成的铯-137 这样的人造同位素，还有钾（钾-40）和碳（碳-14）一类的天然放射性元素。我们身体中的数以千计的放射性原子每时每刻都在衰变；躺在某人身旁，你身边的人就会获得来自你的一剂辐射。对身体来说，钾-40，看起来是正常无辐射的钾，被所有的细胞，尤其是肌肉细胞吸收。男子通常比妇女的肌肉量多，一般来说他们比妇女更具有放射性，因为他们有较多的钾-40。

我们平时所接受到的辐射的二分之一，是来自天然途径，称为本底辐射。本底辐射有两个主要来源：一个是来自宇宙的宇宙辐射，包括来自太阳的宇宙辐射（出现太阳耀斑时宇宙辐射增加），以及来自超新星（在爆炸时甩掉粒子）的宇宙辐射；另一个是来自地壳放射性核素的地面辐射。加上来自我们身体的辐射。我们生活在一个充满辐射的世界中。所以，当科学家要对某物的一个样本（或我们自己本身）的放射性进行分析的时候，他们必须用铅或者其他致密材料屏蔽他们的辐射探测器，来遮挡本底辐射。由于原子弹爆炸释放出了地球上前所未有的放射性核素，因此，1945 年之后制造的物品含有人造放射性同位素。相比之下，1945 年以前制造的钢，比此后制造的钢放射性低，因而是用来制造辐射探测防护器具的珍贵材料。

氡-222，一种无臭、无色的气体，是镭-226 的衰变产物，而且是铀-238 和钍-232 衰变链中的一环，这个衰变链最后生成的是不具有放射性的铅-206。氡-222 在地球上无处不在（虽然分布程度不均），而且它以及它的衰变产物（称为氡子体）大约占年度本底辐射量的 2/3。氡-222 进一步衰变成钋-218 和铋-214，与其他放射性元素一样，这两种元素都释放 α 粒子。由于氡-222 是一种气体，所以，它可能被吸入，而它释放出的 α 粒子会对肺部造成高度伤害。氡-222 气体一般被困聚在

空气不流通的地下室。在土壤中氡气浓度高的地方，氡-222
也会进入地下水并蒸发（尤其在热水中），我们在洗澡时把它
吸入。据估计，氡-222以及相关的放射性核素，是在非吸烟
者中造成癌症死亡的最为常见的原因。（非吸烟者中的某些肺
癌是由所谓的被动吸烟，即二手烟造成的。）美国国家环境保
护署估计，在美国，每年有160000人死于肺癌，其中由氡气
引起的肺癌人数有21000人。当然，从总体来说，抽烟是罪魁
祸首，而且氡气和抽烟可能交互作用，增加了肺癌的风险。

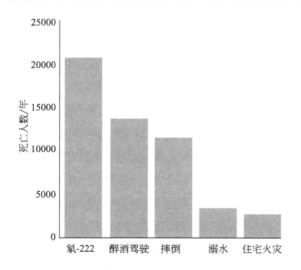

美国年度死亡人数

(图片来源：美国国家环境保护署)

　　如上所述，我们所受到的辐射的另一部分，来源是人为
的。其中大约80％来自医疗方面，如X射线、CT扫描，以及
核医学研究等，这些研究利用放射性核素，如碘-131（甲状腺

扫描)、氟-18(PET 扫描,即正电子发射断层扫描)、锝-99m(肝、脾和骨扫描,此处"m"代表亚稳定态,意思是它很快会衰变为伽马射线)。另外大约 20％的人为辐射来自电视、计算机屏幕、烟尘探测器、心脏起搏器、口腔瓷牙等。人为辐射中,通常只有一小部分来自职业途径和大气层的核试验散落微尘。在这 20％中,大约有 1％是由于核燃料循环,即采矿、运输、核裂变以及核电站运转的废核燃料造成的。

科学家知道,人体可以耐受相当数量的电离辐射,因为我们吸收了环境中天然存在着的大量辐射。然而,尽可能少地使自己接触到辐射仍然是明智之举。

我们要在本书中探究电离辐射能够引起的某些癌症——这些癌症是最常见的,不过并不专指,如血癌(白血病)、乳腺癌、甲状腺癌、肺癌以及脑癌等。电离辐射的来源有:铀-235(核电站设施以及在广岛投放的炸弹的能量来源);钚-239(源于核反应堆,并由铀-238 俘获额外中子形成铀-239 而产生;接着,铀-239 便经历一系列衰变而形成钚-239;它还用作核电设施中的燃料,并且曾用作投向长崎的炸弹的能量来源);碘-131(是由核电厂设施释放出来的一种具有放射性的裂变副产物,而且是导致甲状腺癌的一个原因);铯-137(用于放射治疗,但如果管理不当会致命);钋-210(是香烟烟雾中的一种致癌物质);以及锶-90(是铀-238 裂变的另一种副产物,它沉积在牙齿和其他骨骼中,能引起骨癌和其他癌症)。我们要来说一说与另外一些普遍关注的话题有关的风险:辐照食品;诊治癌症所接受的放射治疗;核电站设施;核废料;以及核恐怖活动等。书末，我们要回答经常会问到的问题。

我们还要考虑使用核能发电的风险与益处。对于福岛第一核电站发生的事故，及其向空气、地面和海洋中释放的辐射，不禁使人怀疑使用核能在一般情况下是否明智和安全，还有，我们是否应该放弃利用核能。在日本，出现了一场强势的运动，要停止核能的使用；日本的50多个商用反应堆中，提供30％电力的最后一个反应堆，在2012年5月关闭。（但是在随后的那个月，有两个反应堆重新启动。）2011年5月，德国政府投票决定于2022年关闭全国所有的核电厂，但是，德国将会继续购买邻国法国生产的核能电力。也有人争论说，核能对于倍增的全球电力的需求至关重要。2011年10月法国新能源与原子能委员会宣布建造第60个核反应堆，并寻求向印度、中国、英国、波兰、南非、土耳其和巴西，出售其几十年的建立核电厂方面的技术。

对于许多人来说，辐射这个幽灵十分恐怖，甚至掩盖了现实。人们往往忘记了日本出现过的、使福岛第一核电站发生事故的那次9级地震，地震的强度是那么不可想象，把整个88996平方英里（1平方英里约为2.59平方千米）的本州岛向东挪动了8英尺；海啸吞噬了整个城镇，使近两万人丧生，而且使30多万人暂时或永久失去了家园；还有，虽然来自报废的核反应堆的辐射泄漏仍然构成危险，但无人死于辐射影响，预测的情况是，未来数十年间，在接触过释放的辐射的人群中，癌症风险可能只会轻微地、或许是察觉不到地增加。对于辐射，如果不做出深思熟虑的决策，那么赌注的风险就会十分高，因此，我们必须用尽可能多的知识来武装自己，不允许自己某时某刻的、有悖于逻辑的恐惧，来影响自己的判断，或者使自己沦为辐射所造成的社会、经济以及心理创伤的受害者。我们必须要小心翼翼地衡量核技术的风险，并寻求利益与风险的最佳平衡点。

第 1 章
估 量 风 险

辐射的致癌风险

  1945 年 7 月 16 日，在靠近美国新墨西哥州的阿拉莫戈多（Alamogordo）的"死亡之旅"沙漠里，名为"三位一体"核试验的炽热爆炸，即第一枚原子弹爆炸，产生了地球上有史以来最明亮的光。随着这道光逐渐暗淡，它呈现出了汽化水和残骸的蘑菇云，在空中升至数千英尺高。罗伯特·奥本海默（J. Robert Oppenheimer，1904—1967 年）对制造这种武器负首要责任，此后他曾写道，看到这次爆炸，脑子里呈现出神圣印度教经文的薄伽梵歌（Hindu scripture the Bhagavad Gita）中的两行字："若烈日千阳之奇光异彩同照天空，便是与至尊者之辉煌异曲同工。"还有："我变成了死神，世界的毁灭者。"（也许他的想法更可能是："哇！谢天谢地，成功了！"）

  那惊天动地的能量勃发，也是一种造物行为：它产生了天然元素的新的放射性形式，这些核素除了在原子弹研发期间的试验室工作之外从未在地球上存在过，包括铯-137、碘-131 和锶-90。在后来的日日月月中，这些新创造的放射性核素围绕着地球盘旋，并悄悄地进入了每一个活着的人的身体中。由于其中的某些放射性核素在几百年或数千年中依然保持着放射性，当时那些人的子孙后代、后代的后代，以及自那个年月以来的所有的人，直至在人类不复存在之时，体内都会具有"三位一体"核试爆炸中产生的放射性核素。在 1945 年到 1980 年之间，由美国、苏联、英国、法国和中国所进行的超过 450 次大气层核武器试验，以及几次核电厂事故释放出的放射性核素，也带来同样的结果。当然，每一处不同来源的放射性核素的量有很大差别。把原子武器与核电站事故相提并论欠妥当，原因是释放出来的放射性核素的量，差异甚大，因为它们在地球上空的分布并不均匀，还因为不同的人接触到它们的机会是不同的。

核武器试验和核电站事故所释放的某些放射性核素能够引起癌症。但是，同样的放射性核素中，有一些却可以用来诊断和治疗癌症，并且拯救生命。那么，放射性核素与所有形式的辐射表现出来的潜在伤害与益处之间的平衡点是什么呢？

为了确定这个平衡点是害处多还是益处多，那就有必要知道一个人接受的辐射剂量是多少。这并非像看起来那么简单（实际上，这是超复杂的一件事，即使对于放射学专家来说也是如此），因此，读者需要耐心地读一读接下来的几页有关技术方面的信息，须知，最终你真的需要记住的是一个专业名词：毫西弗（millisievert，简称 mSv）。这个词是根据瑞典医学物理专家罗尔夫·马克西米利安·西弗（Rolf Maximilian

Sievert，1896—1966 年）的名字而命名的，他在受辐射的生物效应这个领域做了开创性的工作。西弗（Sv）是辐射的单位量，西弗的千分之一叫做 1 毫西弗。一般来说，我们每年接受 1 西弗的千分之几，美国人平均每年接受 6.2 毫西弗的辐射。

　　放射性是根据在一段时间内原子衰变（通过释放出带放射性粒子和/或电磁波而失去能量）的数目来测量的。一个放射性核素的消失，是由原子核有半数发生衰变所需要的时间来测量的。某些东西几乎可以永久地以半数减少，直到只剩一个原子，然后这个原子也衰变了，所以这段时间可能会很长。但是，在大约 10 个半衰期之后，大部分初始辐射都消失了，只有大约千分之一的初始辐射还存在。

　　这些测量有很多名称，取决于你想要量化成什么。在一开始时很容易搞错应使用哪种单位，结果可能把小的辐射量与大的辐射量作比较，相当于把泥鳅与大象作比较。数量也容易弄错：1 微西弗（microsievert，1 西弗的百万分之一）是 1 毫西弗（1 千毫西弗构成 1 西弗即 1Sv）的千分之一，然而，关于福岛第一核电站事故的几次新闻报道，都把这些单位搞错了。

　　对受到一次辐射可能对我们有什么影响作出判断时，科学家需要考虑我们所受到的辐射量、辐射属于哪种类型，考虑每种类型有多少剂量进入了身体的不同细胞、组织与器官内，还要考虑这些组织和器官是否容易受辐射影响等。有些细胞，例如骨髓、皮肤和胃肠道细胞，对辐射引起的破坏尤其敏感，其中的一个原因是，它们的分裂频繁——快速的细胞分裂对破坏

DNA 的辐射更敏感。例如，一个正常人每天需要产生 30 亿个红细胞来保持健康。其他细胞——主要是那些不经常分裂的细胞，如心脏细胞、肝脏细胞以及脑细胞，对辐射引起的破坏相对来说是"有抵抗力"的。

因此，要确定在一次辐射接触中所受到辐射量，我们必须计算从这个辐射源中发射或释放出来的辐射量，不论这个辐射源是一台 CT 扫描仪、一台放射治疗机、一件核武器、一座废弃的核电设施，还是为了作一次 PET 扫描所注射的放射性核素。

然而，对辐射量的计算是复杂的。有一些诊断辐射的机器释放电磁波，例如 X 射线，或释放出像质子、中子或电子那样的粒子。其他与辐射相关的活动，如一件核武器中的裂变铀-235 或钚-239，则释放出伽马射线和中子。大多数裂变产物都释放电子和伽马射线。切尔诺贝利核反应堆的爆炸，以各种各样的物理和化学形式向环境中释放出 200 多种放射性核素，除放射性粒子之外，还有像氙-133、碘-124 和碘-131 这类具有放射性的气体。这些气体迅速地向大气中扩散，放射性粒子也在一个非常广阔的地域中扩散开来，除非当放射性云经过时，正巧碰到天上下雨，这样，铯-137 和锶-90 便随着雨滴落到了地面上。

遗憾的是，1986 年切尔诺贝利事故所产生的、含有碘-131 和铯-137 粒子的放射性烟云从苏格兰上空经过时，天确实下起雨来。于是，大量的这种放射性核素便落到了草上，后来，这些草被食草动物吃掉，尤其是羊，那些放射性核素便进入了羊的体内，分泌到羊奶中。半衰期为 8 天的碘-131 在大约 3 个月中消失了，但是铯-137 沉积在了羊的肉中。由于铯-137 的半衰期是 30 年，所以它在羊的一生中都存在于羊的体内。许多羊体内的铯-137 水平都超过了政府规定的安全标准。后来很多羊都被宰杀并掩埋掉，羊肉受到了检疫，禁止人们食用。

对于放射性物质或者放射性核素来说，例如 1 克镭-226 或 1 克铯-137，可考虑在一定的时间间隔内（如 1 秒钟内），发生在那个 1 克重的原子的核内的自发性衰变的数量，便能计算出它释放出多少辐射。这个衰变速率，称为放射性核素中的放射量，是用贝克勒尔（becquerels，即 Bq）为单位来衡量的，这是根据 19 世纪法国物理学家亨利·贝克勒尔（Henri Becquerel，1852—1908 年）而命名的。1 贝克勒尔等于每秒钟发生 1 次核衰变。由于这是一个极其微小的量，科学家往往提及的是几千贝克勒尔（kilobecquerel，即 kBq）、数百万贝克勒尔（megabecquerel，即 MBq）、万亿贝克勒尔（terabecquerel，即 TBq），甚至是 10 亿个 10 亿贝克勒尔（exabecquerel，即 EBq），这就像是速度的表示法。如果 1 贝克勒尔代表一个人每小时行走 1 英里，那么 1 千贝克勒尔就像是同一个人每小时行走（或者飞快移动）1000 英里一样，如此而已。但是，一种物质含有的贝克勒尔量，并不是衡量人类健康要考虑的唯一因素。因为不同的核衰变会释放出不同的电磁波与粒子，所以，释放出来的，同样的贝克勒尔量，会具有极为不同的潜在健康后果。此外，并非所有的放射性物质都具有同等量的放射性。举例说，当把数量差不多的钍-230 与铀-234 相比较时，就会发现钍-230 比铀-234 多出大约 100 万倍的放射，即每秒钟多出 100 万倍的衰变。

当确定了辐射量，我们就必须确定它在某物中沉积了多少辐射能。那个"某物"，可以是空气，也可以是另外一种物质，或者是我们自己的身体。

然后，我们必须确定这种辐射如何与人相互作用。这就涉及到剂量，这与释放辐射大不相同。设想一下，一个铅盒中有 1 克铯-137，它以电子和伽马射线的形式释放出辐射，但是无人接触到它，因为这些辐射无法穿透铅。于是对任何人来说辐射量都是零，因此，它就没有机会对我们造成伤害。然而，如果你把同样的这 1 克铯-137 拿在手中，那么它通过其原子核中自发衰变释放出来的同样的那些电子和伽马射线，就会与那只手的皮肤、肌肉和神经细胞相互作用。而且，由于伽马射线能够行进相当长的距离，并穿透很多物质，因此你身体的其他部分也会暴露在辐射中（虽然不是均匀一致的）。当这些射线经过你的细胞时，它们会使其中的一些能量沉积到所撞击的每一个细胞中。这个能量，就是带给细胞的辐射剂量。

辐射剂量测定法中的另一个概念是辐射吸收剂量，用戈瑞（grays，即 Gy）这个单位来表示，这是根据英国物理学家路易斯·哈罗德·戈瑞（Louis Harold Gray，1905—1965 年）的名字命名的。我们将略过这些，但是要提及，1 戈瑞是组织和器官（做了调整以适应某些生理因素）所吸收的一个辐射剂量的能量，可以换算成若干西弗，人们用这个单位来估量受到伤害的风险，例如因接触辐射而患癌造成的伤害。

最后，用西弗作测量，来确定有效剂量，要考虑到两个问题。其一，并非所有种类的辐射都具有同等伤害，例如，所吸收的中子剂量造成的损害要比等量的 X 射线大得多。其二，正如我们所知，身体内的不同细胞、组织和器官，对辐射造成伤害的敏感度不同。有效剂量对这些变量起着调节所用，因此对辐照的潜在伤害后果，提供了一个较好一些的估量。言语至此，我们总算是把放射性测量单位的讨论，告一段落了。但是，请尽量把"毫西弗"这个词记住，因为从现在起，我们就要把所有的一切都用"毫西弗"来表达。

我们已经费了好大的力气认识了这么多技术细节，现在，就让我们来了解一下科学家如何分析释放出来的辐射、吸收的能量，以及那些辐射造成的生理破坏，这样，我们就能够做出真正至关重要的判断：我自己接触到了什么，这对我的身体来说很糟糕吗？为简便起见，我们来使用一个篮球方面的比喻。

当一个球员把篮球投入篮球筐之后，得分可以不同。罚球投球中篮算 1 分，从二分投篮区投球中篮算 2 分，三分线外投球中篮算 3 分。一次比赛中一个球队的积分，并不是该队球员把球投进篮球筐内的次数，而是投篮所得的总分。这与测量放射性是相同的：你所接受到的辐射量，不一定是你吸收的辐射量，而且不一定与受害的程度直接相关。确定那个最终的受害评分，意味着要权衡若干个因素。

如果在受到辐射的一个具体剂量与发病之间有一种直接关联，那么用一个简单的图表，就会为我们把问题理清。然而，辐射与患病之间的关系并非如此简单。

确定某个人因一次辐射接触而患癌症的风险，常规的办法是，比较一下辐射剂量可能造成影响的范围，这个剂量在科学上准确，却是我们曾详细说明过的难以理解的单位。当一次核事故或辐射事故发生时，公共卫生部门往往依据人们受到（或未来将要受到）的辐射剂量来提供信息，并（或）根据他们可能要接触到的某物中，如食物或水中，有多少放射性来提供信息。之后，又把这些辐射剂量或辐射数量与参照标准进行比较，例如，与正常本底辐射剂量、或核电厂工作人员接受的年度辐射剂量、或法规方面的限制、或对食物或饮用水辐射规定的临界值等进行比较。

把这样的信息提供给从事放射科学的专家或医生以外的人，往好里说，可能等于没有提供信息，往坏里说就是误导，这很快就会使人感到困惑，或把事情简单化，人们可能会认为，如果你受到的辐射剂量与你正常的本底剂量差不多，或少于本底剂量，或者少于食物或水的法规限量，你就无须担心。例如，如果牛奶中放射性的规定限量是每公升 500 贝克勒尔，而你所喝的牛奶每公升含有 350 贝克勒尔的辐射量，那么就不存在风险。

然而，事情哪有那么简单。就任何辐射剂量来说，患癌的风险还取决于受到辐射时这个人的年龄、预计的剩余寿命、接触其他致癌物质（如香烟）等情况，取决于可能会因为辐射而加重并发的健康问题，以及其他复杂的不确定性情况等。简言之，一个已知辐射量对一位 80 岁的人造成的影响，与完全相同剂量辐射对 3 岁孩子造成的影响相比，截然不同。

　　估量风险需要统计学分析。我们不能只依靠剂量来表明某个人的患癌风险，因为剂量仅仅是这些人接触辐射与他们患癌风险之间的一个中间量。把患癌风险与辐射接触之间联系起来的更有用的办法是，详细说明某个人的终生患癌风险，不论是由什么引起的；详细说明额外的终生患癌风险，这种风险只因一次特定辐射接触而造成；有些人过去曾经受到过（或很快会受到）辐射，而目前没有患癌症（无论与辐射相关与否），对这些人在未来患癌症的风险做出估量；或者，有些人曾接触过辐射，例如从福岛事故中疏散出来的人，对他们在癌症数量上增加的可能性做出估计。

　　当我们谈到辐射的危险时，一般是指能够改变我们细胞中的原子结构、分子结构和化学物质结构的，并能致癌的电离辐射。大部分的数据表明，接触非电离辐射（紫外线除外），例如来自电视机、计算机屏幕、高压电传输导线等的非电离辐射，不会有害。在这方面存在着争议，而且结论可能会有变化，但是，非电离辐射的不利影响（如果这种影响存在），与已经证实了的电离辐射（例如中子和伽马射线）的有害影响相比，毫无疑问也是很小的。受到一次刚发生的电离辐射（例如辐射事故）会有患病风险，日常生活中还有其他自愿性的、非自愿性的致癌风险，及非致癌风险（例如开车、驾驶摩托车、乘坐飞机或者进入含有氡气的地下室等），把这些风险作比较是有难度的。通过观察整体情况，我们便可以权衡一下来自一次辐射接触的癌症风险，并确定过去的一次辐射接触是否影响很大，或未来的一次辐射接触是否可以接受。

同时我们必须对癌症的风险（以及所充满的不确定性）与潜在的可能性与潜在的益处进行比较，这一点也同样重要。例如，有人做了一次心脏CT血管造影扫描，接受的辐射量大约是广岛和长崎原子弹爆炸后，普通存活者所受到的辐射量的1/10。对于有心脏病而且有猝死风险的人来说，这个水平或许可以接受，尤其是，如果是根据扫描结果进行的一次医疗介入，就能够大幅度减少猝死的机会。但是，如果某个人的生命并不是危在旦夕，或者某个人不需要有效的医疗介入，而只是希望得到可靠的信息让自己放心，那么就可考虑不做这次检查。一个人做6次PET扫描（正电子发射断层扫描）来检查是否有癌症，他所接受的辐射剂量，相当于原子弹爆炸的一位幸存者受到的平均辐射剂量。有些人就因不同原因而经受了多次PET扫描（见第6章）。

关于辐射带来的后果，例如核电站事故造成的后果，科学家和医生的意见有时候看起来有天壤之别，或许，人们很难分辨哪种意见正确。例如，有些专家可能认为，在事故发生后几十年内，由于辐射的缘故，或许会出现数百、数千，甚至上万例癌症、先天缺陷、遗传畸形病例，而另一些专家则估计，如果有这类病例出现，也是少量的。但是，如果我们把两种持极端立场的专家（其中为数不少，而且他们似乎是媒体关注的焦点）排除在外就会发现，有见识的科学家更同意这样的意见，即后果并非在短期内显而易见。

在估量辐射接触带来的后果方面，不确定性因素很多，而我们只强调几点。首先，是否有一个临界点或触发点，超出这个点的辐射接触，就会增加患癌风险呢？科学家认为，超过某一个剂量（通常大约是 50 毫西弗或 100 毫西弗），辐射剂量与患癌风险之间就有一种线性关系：即剂量越大，风险越高。然而，较低辐射剂量是否会增加癌症风险，在这个问题上他们争执激烈。有几个理由：一方面是，因这些低剂量而增加的风险（如果有的话）可能非常小，那要对数百万甚至数亿人做研究，才能确定这种风险的存在；另一方面，原子弹幸存者、核工业工作人员、X 光技术员、接受 CT 扫描的儿童以及受到伽马本底辐射（也许还有氡气影响）的儿童的数据显示，即使是最低剂量，也会使癌症风险增加。即使很多其他流行病学研究都表明没有增加癌症的风险，但我们总是要记住，没有检测到受辐射的人群（即使样本数量很大）中的癌症风险有所增加，并不证明风险不存在。

尽管有这种不确定性，科学家和管理机构一般都同意假定是这种情况：即使是低剂量辐射，也有潜在伤害，还有，当潜在的利益与可能的风险并存时，自愿接触辐射应该予以考虑。任何辐射接触与风险之间的这种线性关系，被称为是线性无阈值辐射剂量假说。

对这种假说持不同意见者，一般都认为事实是这样的：对核工业工作人员、放射科医生以及居住在核设施附近的人群进行的大规模研究，总的来说都没有成功地证明过癌症病患或其他不利健康的影响有真正的增加。当然也有例外，那就是我们刚刚讨论过的、引起媒体极大注意力的情况，即那种人咬狗相对于狗咬人的情形。作为目前正在争论的证据，美国国家科学院向核管理委员会建议说，由于过去研究中的技术和/或统计学方面的缺陷，他们有可能进行一次更加现代化、更加复杂的研究。预试验已经被提出来，但是这些试验是否将会进行，还是一个未知数。如果进行试验，将会对这个问题进行大规模的再验证。

这个线性无阈值辐射剂量假说的反对者还提出，在全球范围内，人们接受了截然不同的本底辐射剂量，有时候差异达10倍，患癌率方面没有检测到差异。例如，伊朗拉姆萨尔市的居民住在含有大量镭和氡气的热泉附近，与居住在纽约或伦敦的人相比较，他们每年受到的本底辐射是后者的40多倍，然而，他们却没有什么特别的健康问题出现。不过，我们缺少对大多数居住在该市的人所受辐射剂量的具体的估量，而且还可能有另外的未予说明的混杂变量存在。

某些数据是有些争议的，这些数据甚至认为，受到低剂量辐射可能对健康有益。这种说法被称为毒物刺激效应。然而，很少有科学数据支持毒物刺激效应，而且大多数科学家都不相信有这种好处存在。不过，在患癌风险上，受到辐射可能会有复杂且相互牵制的作用。例如，虽然辐射诱发的突变能够引起癌症，但是，辐射还可能通过杀死潜在癌细胞而减少癌症风险。还有，辐射可能影响免疫系统，从而增加或减少患癌风险。我们无法辨别人类身上这些独有的和相互牵制的影响，并因此通过对受到或没有受到辐射的人的癌症发病率进行比较，来确定这种直接作用。并且，相同辐射剂量可能使不同遗传背景的人出现不同癌症风险，这就使此问题更加令人困惑了。

　　另一个不确定性的来源是，我们很难对不同时间长度内相同辐射剂量的结果进行比较，即短时间内（例如，原子弹爆炸幸存者在瞬间）接触的放射剂量产生的后果，与在日久天长（或许是数日、数月、数年或者甚至是数十年）中接触的同样剂量所产生的后果相比较。我们所知道的关于辐射对健康有不利影响的大部分知识来自原子弹爆炸幸存者，或来自在就医过程中比较短时间内接触到辐射的人，例如，癌症放射性治疗一般是在几周内。很多科学家认为，在一段长时间中，接受的辐射剂量产生的不良影响就小得多了。但是也有人认为，在一段长时间中接受同样辐射剂量所造成的影响与急性辐射暴露差不多是一样的，甚至更大。近年来的研究表明，核工厂的工人在超过 10 年的时间内，受到的辐射剂量至少是 200 毫西弗，他们的患癌风险增加了。近年来对核工厂工人的研究以及对所发表的文章作出的全面综述研究表明，长期接触低剂量辐射造成的危害，可能相当于在短时间内接触同等剂量辐射造成的危害（或者说，危害更大）。人们对于相同剂量的急性辐射暴露与慢性辐射暴露对健康的影响，有着极为不同的观点。

　　第三个有争议的问题是，用一个数值非常小的人均风险（如，一万分之一、十万分之一或一百万分之一）来推断一个很大数目人群的风险，这在科学上是否有效或者恰当。如果有人这样推测，我们或可认为的这种微不足道的个人风险，最终导致过多地估计出成千上万的癌患。例如，在飞机场安检扫描中，将每次扫描所造成的很小的风险，加之本底散射辐射相关的风险，与每天经过安检的几百万次旅客数目相乘，这样来估计出一个癌症人数，这个结果正确吗？有些科学家说正确，而实际上，为了筛选就有必要确定风险与效益比例。其他机构，如（美国）保健物理学学会则告诫说，对于低于 100 毫西弗的辐射剂量来说，这种做法从科学上来看是无效的。然而，如果风险估计的不确定性公开之后，那么这个计算可能就有一定道理了。

这个问题的根本就是集体剂量这个概念，即把全部受辐射群体中的个人剂量加在一起，或者，用受辐射人群的平均辐射剂量乘以受辐射人口的总数。线性无阈值辐射剂量的假设认为，少量人口受到大剂量辐射的结果，类似于大量人口受到的小剂量辐射的结果。是否如此，不得而知，并且我们可能永远都不会知道。如果我们承认本底辐射与癌症风险增加有关（并非人人都有此风险），那么任何辐射接触的增加，都很可能与癌症风险的进一步增加有关。

对一次辐射接触的患癌风险，多数人都愿意有一个精确的估计，但是受到数据、统计学以及我们目前知识水平的限制，还无法给自己作出一个准确的估计。我们最多也就是估计出一个尽可能包括正确数值的范围，如接触了各种不同辐射剂量的每 1 千万人口中额外增加了 500 至 2000 例患癌者这样的数据。例如，研究人员估计，1952 至 1957 年在内华达进行的大气层核试验期间，由于接触了碘-131，在大约 1 亿 7 千万活着的美国人中，多出了 11000 至 270000 人患了甲状腺癌（多数属非致命性的），这是甲状腺癌的一个重要的增长，但是在 1952 年以来诊断出的 200 多万例甲状腺癌患中，这占的比例很小。

简言之，大多数科学家和科学机构都避开了（或者说应该避开）对事件估计的精确数字，如接触辐射后的患癌者数目。大多数情况下，他们往往对这些事件提出一个可能的范围。有时候范围会很大，或许有 10 倍或百倍的差异（如 10 至 1000例患癌者）。尽管人们可能想知道估计的范围怎么会那么大，但是，这些估计显示出了辐射剂量、辐射的分布以及潜在的生物学后果方面的不确定性。这些估计的上下两端（10 至 1000例患癌者）表明，专家们的分歧（如果有分歧的话）远远少于有时候媒体所强调的。科学家只能衡量他们掌握的证据，得出尽可能最好的结论，告诉公众全部真相暂时未知，甚至可能是不可知的。

记住这一点，我们就要放下畏惧心理，其中有些畏惧是没有根据的，我们要用手头掌握的最佳数据，来描述电离辐射的影响。虽然放射生物学的知识并不完善，但是关于辐射对人身健康的影响，人们已经做了几十年的广泛研究。而且，相对于我们所接触的大多数（如果不是全部）其他的化学物质和毒素对自己的影响，我们在辐射方面所知道的还更多些。

第2章
辐射——发现至今

辐射发现简史

在 19 世纪晚期，辐射是一桩令人兴奋的奇事；到了 20 世纪，科学家确定了如何利用它为人类造福，或利用它对人类造成恐怖。在过去的 60 年里，我们所受到的人为辐射的剂量，已经与我们从自然本底辐射所接受的剂量相等；医学诊断的过程与核医学的辐射剂量，现在已经成为一般美国人每年所接受的辐射剂量的近一半。这个数字比 20 年前的 2 倍还多，而且还在持续增加。

19 世纪，放射科学的先驱们起初并不知道辐射内在的危险或益处，相反是被其神秘的、看起来是奇妙的效果吸引了。1879 年，一位英国人威廉·克鲁克斯爵士（Sir William Crookes，1832—1919 年），在一个他设计的真空密封通电玻璃管中发现了他本人称为"发光物"的东西，后来这种玻璃管就是用他的名字命名的。

1895 年 11 月，威廉·伦琴（Wilhelm Röntgen）在用克

鲁克斯管做的一次实验中发现了 X 射线。他用荧光晶体碎片，为自己下一次的实验涂制了一个要使用的屏幕，当他使电通过玻璃管道时，所释放出来的光线击打着晶体，并把它们点亮了。甚至在他用黑色硬纸板盖住管道，以遮蔽所有可见光和紫外线时，晶体仍在发光。伦琴知道，阴极射线在空气中只能行进大约 3 英寸（1 英寸约为 2.54 厘米），这就是说，离开那么远的荧光不可能是因此而产生的，至少不是直接的。这些神秘的射线穿透了他放在光源与屏幕之间的任何纸张和木料。他把各种各样的物件放在了管道的前面，看一看是否有什么东西它们没有穿透。有一次，他注意到他的手骨轮廓映照在了墙壁上面。他急于研究这种奇特的情况，于是就搬进了自己的实验室，吃住在那里，这样他就可以不受干扰地工作了。

他拿不准这些强有力的射线是什么，所以决定暂时称之为 X 射线，用数学符号 X 来代表未知事物。他希望在自己了解了更多情况之后，想出一个更生动些的名字。他发现，当通过管道的电流与里面的惰性气体相互作用产生电弧时，X 射线就在一个真空阴极管中产生。当射线打击一个坚实的物体（如一根骨头）时，所形成的结果就是 X 射线图像，它使最致密的物质以最轻薄的形式显示出来——在 X 射线下的骨骼阴影，比骨骼四周的不那么致密的肌肉的暗影（半影）还要浅淡就是这个道理。（1901 年，伦琴因这一发现获首届诺贝尔物理学奖。）

在伦琴第一次发现这个现象后大约过了两个星期，他在妻子安娜·伯莎（Anna Bertha）的左手上放了照相底片，照了第一张 X 射线照片，或称伦琴射线照片，是戴着结婚戒指照的。伦琴夫人不仅不那么感兴趣，反而因看到自己的骨骼吓了一跳。据说她大声地喊叫说"我看到了自己的死亡！"

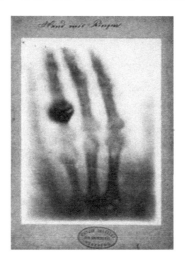

安娜·伯莎的左手与戒指

据说这是第一张 X 射线照片。

1895 年 12 月，伦琴发表了一篇文章，题为"论一种新型射线：一次初步交流"。其他科学家很快都加入了这项实验，研究这些神秘射线（最初也称为伦琴射线）。1896 年的年初，亨利·贝克勒尔凭借伦琴的研究，意外地发现了放射现象（但是没有为它命名）。那是在为一次实验作准备的时候，该实验需要有明亮的阳光，他把照相底板中的另一种荧光物质的晶体包裹起来，照相底板是用黑色硬纸板覆盖的，以防光线照到底板。但是，在有足够阳光能够进行这次实验的一天到来之前，贝克勒尔注意到，这个照相底板已经显示出这些晶体的影像。他终于明白了，辐射能够自然产生，这种特性现在叫做"放射性"。

在本书介绍的杰出的科学家中，贝克勒尔是最晚出现的一位。他的祖父安东尼·凯撒·贝克勒尔（Antoine César Becquerel）在电力领域，尤其是电化学方面取得了成就。他的父亲亚历山大（Alexandre）研究了太阳辐射与磷光。亨利步其父之后尘，研究了磷光与晶体对光的吸收。在伦琴的发现之后不到3个月，亨利研究了X射线与自然发生的磷光之间的联系。贝克勒尔把发光（磷光）的铀盐放在光线照射下，靠近一个照相底板，底板是用不透光的纸遮盖的。（从化学方面说，盐是已变为电中性的化合物。）底板变得模糊了，这说明除了可见光之外，有某种东西穿过了纸张。在用不同成分的铀盐做了无数次实验后，产生的结果都相同。贝克勒尔作出结论，认为这种作用是从铀原子中发射出的光线的一种性质。这种光线很快就被称为贝克勒尔射线。后来他表明，这些铀射线与X射线不同，因为接触电或磁场可能会使它们转向（弯曲），而且它们能给气体提供电荷（它们把气体电离了）。

为放射性命名的人是玛丽·居里（Marie Sklodowska Curie，1867—1934年）。1897年9月，她正为自己的博士论文构思，她的丈夫皮埃尔（Pierre），这位巴黎工业物理化学市立学院实验室的负责人，建议她研究一下贝克勒尔描述的这种奇事。她的实验表明，含铀和钍的某些矿石的全部放射性，大于来自铀的放射性。这就是说，在铀中肯定还有别的什么东西，释放出更强的辐射。于是，皮埃尔和玛丽就从铀矿中提取了微量的物质，一种当时人们尚不了解的物质，她把这种物质称为"镭"（radium，是根据拉丁词"ray"，即"光线"的发音而定的），镭的辐射性比相同质量的铀强百万倍以上。她还发现了由镭衰变出来的一种元素，她称之为钋（polonium），这是根据她的家乡波兰（Poland）这个字的发音而命名的。镭与钋是铀矿中大部分放射性的来源。

居里夫人研究了含有已知放射性元素的所有化合物中的放射性，包括钍（即 thorium，根据斯堪的纳维亚的雷神托尔 Thor 命名），后来她发现钍也具有放射性。她注意到，铀的辐射强度可以被精确地测到，而且不管它在什么化合物中，辐射强度与该种化合物中的铀或钍的含量成比例。这使她产生了新的领悟，使她认识到，一种物质释放辐射的能力，并不取决于分子中原子的排列。1903 年，居里夫妇因发现自然放射性而与贝可勒尔共享诺贝尔物理学奖。1911 年，玛丽·居里获得第二项诺贝尔奖，这一次获得的是化学奖，是因分离镭与钋，并研究了它们的化学性质。[1935 年她的女儿艾琳·约里奥居里（Irène Joliot-Curie）与其丈夫弗雷德利克·约里奥（Frédéric Joliot）因发现辐射可以从某些元素中诱发，而共享诺贝尔化学奖。]

然而，这些重要发现并不止于居里夫妇，也不止于法国。1899 年和 1900 年，在加拿大魁北克省蒙特利尔市的麦吉尔大学工作的新西兰人欧内斯特·卢瑟福（Ernest Rutherford，1871—1937 年）发现了阿尔法和贝塔粒子（α 粒子和 β 粒子）。

与此同时，法国物理学家保罗·维拉德（Paul Villard，1860—1934年）发现了另一种形式的射线，他取名为"伽马射线"（γ射线）。卢瑟福在1914年证明了伽马射线是与X射线类似的光的一种形式，不过X射线波长短许多，因此，比其他射线或粒子穿透得更深。

1912年，英国科学家弗雷德里克·索迪（Frederick Soddy，1877—1956年）注意到，放射性元素自发地衰变成原物的变体。他根据希腊语的iso（意思是相等）和topos（意思是位置），把它称为"同位素（isotopes）"。他还发现了放射性元素具有他称之为半衰期的性质——对于这种衰变能量释放的计算，他是最早做了工作的人。

起初，辐射的危险性并不明显。在20世纪初期，钟表都有镭刻度盘，可以在夜间发光。少女们用细笔把镭的绿色小圆点绘在上面。一双双小手极为灵巧地这样工作着。这些"镭女郎"坐在凳子上，身边摆着一个盛有镭液体的小镭罐，她们把笔刷伸进镭罐中。为了保持圆点小而且浑圆，女孩们用舌尖舔着笔尖，舔成一个细小圆点。她们的身体错以为镭就是钙而将其储存在骨骼中，于是，没有多久其中很多女孩子就患了颌癌，而颌骨是离舌头最近的骨骼。（由于镭被骨骼吸收，还能伤到骨髓，也引起了严重贫血。）其中很多年轻妇女毁容破相，有些人死亡。当5名快要死去的"镭女郎"对她们的雇主——美国镭公司提出诉讼时，公司指控说她们有梅毒。然而，随着案情的进展，情况也清楚了，雇主们早就采取了措施来保护自己不受任何辐射，并尽其所能掩盖危险，甚至对女工们说用舌头把笔刷舔聚成圆点是安全的。这个案例使得雇员获得了因职业病而对雇主提出诉讼的权利。直到 20 世纪 60 年代，才有了更安全地使用镭的措施。

玛丽·居里不断地在没有保护措施的情况下接触放射性物质，而且使用不带屏蔽装置的早期放射学仪器来做放射学家的工作。她死于 1934 年，死因可能是辐射引起的再生障碍性贫血，或者骨髓衰竭——因骨髓不再产生足够的新血细胞来替代正常死亡的血细胞。现在，她的实验室文稿和笔记仍然具有很强的放射性，都被保存在衬铅的盒子内。皮埃尔·居里也与放射性物质打交道，他于 1906 年在一辆马车下滑倒，逝世于巴黎，不知道他是否也受到辐射的影响。

很多其他人明显地受到辐射的伤害。1986 年，29 位核设施工作人员与救火员因进入切尔诺贝利核反应堆的区域而死亡。他们在一个月内死亡，不仅是死于大火燃烧，而且也死于辐射引起的骨髓衰竭性贫血，这一辐射量比玛丽·居里受到的辐射量高出指数倍。（还有两人当即死于爆炸，连他们的尸体也找不到。）除了骨髓衰竭之外，救火员和工作人员的肺部、胃肠道与皮肤受到严重的辐射伤害，他们还因爆炸受到了烧灼与外伤。

然而，即使在玛丽·居里之死和核武器后果这样的警示之下，辐射还是被当成无害的并且人们依旧对其充满好奇。例如，从 20 世纪 20 年代开始，鞋店开始使用 X 射线荧光机（有时商品名为足镜，pedoscope）来试顾客的脚码是否合适。这为顾客及其家人带来乐趣，大家都喜欢看鞋帮内脚趾骨的样子。使用足镜一般的暴露时间大约是 15 秒钟。这就是说，平均受到大约有 0.5 毫西弗的辐射，或者说是平均年度本底辐射量的 1/6。核武器诞生后，这种机器的固有危险性在 1949 年得以认识，到 20 世纪 50 年代，大多数荧光镜机器都被淘汰了。

居里夫妇获得突破性进展之后的那些年，都在致力于解开其中的含义，这些努力带来接连不断的新发现。1901 年，索迪和卢瑟福了解到，具有放射性的钍自身转换成镭。1904 年，卢瑟福——这位发现了秩序井然的原子世界里点点滴滴的人，这位核科学领域中的麦哲伦认识到，阿尔法辐射实际上是带有两个质子和两个中子的一个重且带正电荷的粒子。

1905 年至 1915 年这 10 年间，人们对原子和亚原子本质的认识，有了重要进展。罗伯特·密立根（Robert Millikan, 1868—1953 年）发表了如何测量电荷与电子的质量。卢瑟福发展了他的原子结构理论。索迪和美籍波兰人卡西米尔·法扬斯（Kasimir Fajans, 1887—1975 年）各自建立了元素的同位素理论，法扬斯还解释了放射性衰变。7 年之后，即在 1919 年，弗朗西斯·阿斯顿（Francis Aston, 1877—1945 年）证实了同位素的存在。1914 年，正值第一次世界大战开始之际，赫伯特·乔治·威尔斯（H. G. Wells, 1866—1946 年）的小说《解放全世界》设想了在 1956 年把世界上的大城市都毁灭的一场核战争。

1919 年，卢瑟福完成了第一次人工核反应，这是用一种元素的放射性衰变粒子，来改变另一种元素的原子核时所发生

的反应，叫做嬗变。虽然他的工作远远没有达到铀以及其他
"重"元素（带有金属特性的元素）所产生的那样的核裂变反
应，但是他仍获得了"分裂了原子"的荣誉。尽管卢瑟福很有
才华，但是他并不相信原子嬗变能够成为能量的来源。1933
年，利奥·齐拉德（Leó Szilárd，1898—1964 年），这位出生
在匈牙利、因逃离纳粹德国而前往伦敦避难的物理学家，首先
创立了这个理论，即"如果我们能够找到一种由中子来分裂的
元素，而且如果这种元素吸收 1 个中子时，会释放出 2 个中
子，那么当这样的一种元素聚集为相当大的质量时，就能够维
持一次核链式反应"。他并没有把核裂变设想成一次产生中子
的反应，因为这种反应在当时并没有人了解。

1934 年，齐拉德为"通过核'嬗变'来解放核能，以便
用来发电并用作其他用途"这个题目申请了专利。第二年，他
修改了自己的专利申请，补充说，铀和溴（35 号元素）是
"中子能够释放多个中子的那些元素的例证"。他希望对专利的
内容保密，当他得知他必须把专利分给英国政府的某个机构
时，他提出把专利给战争部。但是，他的提议遭到拒绝，并被
告知，原因是"对陆军部来说，看起来没有理由对这些细节保
密"。几个月之后，英国海军部明智地接受了这个专利。

1938 年，莉泽·迈特纳（Lise Meitner，1878—1968 年）、
她的侄子奥托·弗里施（Otto Frisch），还有其他人发现，铀
能够俘获中子，之后组成不稳定产物，并经历裂变，这种裂变
引起的链式反应中会出现更多的中子发射。迈特纳是一位在德
国工作的奥地利犹太人，当时为躲避纳粹而逃离到斯德哥尔

摩。她常常认为人们不欢迎她，认为是由于宗教的原因，1945年的部分诺贝尔化学奖颁给了德国人奥托·哈恩（Otto Hahn，1879—1968年）。

链式反应有两种。第一种是裂变，原子弹和核动力的来源就是裂变，在裂变中物质转换成能量。一个原子核受到一个中子的打击并被吸收，分裂为两个部分，一个部分比另一个部分轻，同时产生伽马射线并释放出大量的动能。其他中子从自身的速度慢下来，以恰如其分的速度运动，打击其他原子核，并维持反应的继续进行。链式反应中的第二种类型称为聚变：两种或两种以上的物质聚合在一起产生一个单一的物质。在核物理学中，聚变也是一种链式反应。在反应中，两种或两种以上的元素的原子核融合，组成一种新元素的一个原子核，同时释放出能量。这是太阳本身每分每秒都在发生的事，氢弹中也是如此。

核裂变与核聚变的区别就是，聚变需要更多的大量的能量来开始链式反应。不过，聚变也产生多得多的能量——一颗氢弹（聚变炸弹）比一颗原子弹（裂变炸弹）的能量大1千倍左右。

核裂变的发现在1939年1月公之于世（虽然发现于1938年）。美国物理学家J.罗伯特·奥本海默得知此消息后就明白，制造原子弹已成为可能。他并非唯一知道此事的人，也并非最早了解此事的人。齐拉德立即意识到用中子诱发裂变来维持链式反应的可能性。1939年，齐拉德与出生于意大利的恩里科·费米（Enrico Fermi，1901—1954年）利用铀证明了这个想法。（费米为保护自己的犹太妻子不受意大利法西斯迫害而移民美国。）他证明了在这个反应中，一个中子加上一个可裂变的原子（铀-235）引起了裂变，结果是不止一个中子被释放出来。之后，这些"多出来的"中子使其他铀-235 的原子裂变，发生了一次核链式反应。在适当的情况下，这种反应的速度与规模，可以通过调整释放出的中子的密度与速度以及铀-235 燃料的浓度而得到控制，核电站的情况就是这样的。然而，在有些情况下这种反应是自行延续的，因此是自持的。这就是一个核反应堆的堆芯熔化，或一颗原子弹爆炸的原理。

第一次自持原子核链式反应的人工演示，是 1942 年后期，由费米等人在美国芝加哥大学足球场底下的一个实验室内完成。制造原子弹的最初工作，是在哥伦比亚大学和曼哈顿其他地区进行的。这些工作是在大型团队集中于洛斯阿拉莫斯（Los Alamos）之前。这个最高机密工程被称为"曼哈顿工程"就是这个原因。

核裂变公之于世之后，齐拉德意识到原子弹研究的紧迫需要。他希望已获得 1938 年诺贝尔物理学奖的费米，给富兰克林·罗斯福（Franklin Roosevelt）写信解释眼前的机会。费米曾因"证实由中子辐射产生的新放射性元素的存在，以及慢中子导致的核反应的相关发现"而获诺贝尔物理学奖。费米并不情愿，他担心这样做会对他与妻子的流亡状态产生不利。而齐拉德则觉得自己还没有资格给罗斯福写信，于是他又委托了爱因斯坦。爱因斯坦在 1939 年 8 月的信是在齐拉德的帮助之下写出来的，这就把美国引上了发展核武器的道路。

Albert Einstein
Old Grove Rd.
Nassau Point
Peconic, Long Island

August 2nd, 1939

F.D. Roosevelt,
President of the United States,
White House
Washington, D.C.

Sir:

Some recent work by E.Fermi and L. Szilard, which has been com-
municated to me in manuscript, leads me to expect that the element uran-
ium may be turned into a new and important source of energy in the im-
mediate future. Certain aspects of the situation which has arisen seem
to call for watchfulness and, if necessary, quick action on the part
of the Administration. I believe therefore that it is my duty to bring
to your attention the following facts and recommendations:

In the course of the last four months it has been made probable -
through the work of Joliot in France as well as Fermi and Szilard in
America - that it may become possible to set up a nuclear chain reaction
in a large mass of uranium,by which vast amounts of power and large quant-
ities of new radium-like elements would be generated. Now it appears
almost certain that this could be achieved in the immediate future.

This new phenomenon would also lead to the construction of bombs,
and it is conceivable - though much less certain - that extremely power-
ful bombs of a new type may thus be constructed. A single bomb of this
type, carried by boat and exploded in a port, might very well destroy
the whole port together with some of the surrounding territory. However,
such bombs might very well prove to be too heavy for transportation by
air.

爱因斯坦写给罗斯福的信

（图片来源：纽约海德帕克，富兰克林·罗斯福图书博物馆）

-2-

The United States has only very poor ores of uranium in moderate quantities. There is some good ore in Canada and the former Czechoslovakia, while the most important source of uranium is Belgian Congo.

In view of this situation you may think it desirable to have some permanent contact maintained between the Administration and the group of physicists working on chain reactions in America. One possible way of achieving this might be for you to entrust with this task a person who has your confidence and who could perhaps serve in an inofficial capacity. His task might comprise the following:

a) to approach Government Departments, keep them informed of the further development, and put forward recommendations for Government action, giving particular attention to the problem of securing a supply of uranium ore for the United States;

b) to speed up the experimental work, which is at present being carried on within the limits of the budgets of University laboratories, by providing funds, if such funds be required, through his contacts with private persons who are willing to make contributions for this cause, and perhaps also by obtaining the co-operation of industrial laboratories which have the necessary equipment.

I understand that Germany has actually stopped the sale of uranium from the Czechoslovakian mines which she has taken over. That she should have taken such early action might perhaps be understood on the ground that the son of the German Under-Secretary of State, von Weizsäcker, is attached to the Kaiser-Wilhelm-Institut in Berlin where some of the American work on uranium is now being repeated.

Yours very truly.

A. Einstein

(Albert Einstein)

爱因斯坦写给罗斯福的信

阿尔伯特·爱因斯坦
老格鲁夫街
拿骚角
培科尼克，长岛
1939 年 8 月 2 日

富兰克林·罗斯福
美国总统
白宫
华盛顿特区

阁下：

　　费米和齐拉德最近做的一些研究已经成稿并与我交流过，这使我相信，在不久的将来铀元素会成为一种新型的、重要的能源。这种情况的某些方面已经出现，并且看来需要引起注意，如果有必要，政府方面需要迅速采取行动。因此，我认为我有责任提请阁下关注如下事实与建议。

　　在过去的四个月中，费米和齐拉德在美国，还有约里奥（F. 约里奥·居里）在法国所做的工作，使得在大量的铀中引发一次核链式反应成为可能，由此可产生巨大的能量与大量的类镭元素。现在几乎可以确定，这在不远的将来即可做到。

　　这种新现象同时还会影响炸弹的制造，尽管把握不是那么大，但却是可以预见的——一种威力极大的新型炸弹，将会因此制造出来。这样的一枚炸弹用船来运载，在一个港口引爆之后，很可能会把整个港口以及附近的一些地区都摧毁。但是，如果空运这种炸弹，重量很大，会有诸多不便。

　　美国仅有中等数量的贫铀矿，最好的铀矿在比属刚果，不过在加拿大和（前）捷克斯洛伐克也有略好一些的铀矿。

　　基于此，阁下或可认为政府部门与在美国的、致力于研究链式反应的物理学家之间，保持长久性的联系是可取的。达到此目的一种可能方式就是，阁下可将此任委托给一位您信得过的人，此人将以非官方身份工作。其任务或可包

爱因斯坦写给罗斯福的信（翻译）

括下列内容：

a）与政府部门接触，了解新的进展，并为政府的工作提出建议，尤其要特别关注确保美国铀矿供应的问题。

b）目前实验工作是在大学实验室有限预算的情况下进行的，为了提供资金来加快实验工作步伐，可由此人与愿为这项事业做出奉献的个人联系而取得，或者，还可以与具备必要设备的工业实验室进行合作。

据我了解，德国实际上已经接管了捷克斯洛伐克的铀矿，并停止了铀的交易。德国如此迅速地采取了行动或可理解为，这是基于德国副国务卿的儿子冯·魏茨泽克（von Weizsäcker）在柏林德国皇家威廉研究所（Kaiser-Wilhelm-Institut）供职，目前此研究所里正在进行着美国之前进行的对铀的研究。

您真诚的

阿尔伯特·爱因斯坦

爱因斯坦写给罗斯福的信（翻译）

原子弹

1945年8月6日，在宣布核裂变发现之后过了6年半，也就是在新墨西哥州的"三位一体"试爆两周之后，"小男孩"在广岛上空爆炸。三天之后，名为"胖子"的炸弹从长崎上空投下。（炸弹计划在离开城市的上空大约1/3英里处爆炸，以便从爆炸的下降效果中得到附加力。）有15万至24万人丧生，其中一半人在第一天就丧生了。人们普遍认为是辐射引起了大多数人的死亡。然而，这并不正确。

虽然那些受到辐射最严重的人在原子弹爆炸后不久就丧生

了，但是大多数死亡并非因为炸弹所释放的辐射。裂变炸弹的瞬即效应是酷热的超级大火，以及炸弹释放的强力震荡波——虽然与常规炸弹的作用相同，但作用更大。在日本，大约即刻死亡的60%（总死亡的90%）是由于爆炸力和大火，余下的死者中的绝大多数死于建筑物倒塌。大约10%的人员死亡可归咎于辐射。

鲍勃在东京的一位医生朋友正雄一郎（Masao Tomonaga），是一位世界著名的血液学家，在原子弹投下那天还是一个两岁的孩子。他的父亲是一位日军空军医生，当时正在台湾。而正雄和他母亲住在一栋典型的日式木屋中，离开原爆点一英里半。

"房后的一座小山保护了我们，挡住了可怕的爆炸气浪。"这是他于2012年4月在写给我们的信中所说的。

"但是，房屋的一部分被推倒，据我母亲回忆说，不到10分钟，房子便着了火，我们逃到附近的一座神社中。不幸（?）（是他打的一个问号），我已记不得原子弹的作用了。离爆炸中心600米的长崎医学院全部毁坏，大约900名教授、学生以及护士丧生。关于原子弹产生的酷热与破坏，生还者根据自己的亲身经历写下了成千上万篇记录，最为多见的描述是皮肤闪光灼伤，以及受损皮肤一块块剥落下来。气浪造成瞬间死亡和严重身体损伤，包括因飞崩的碎玻璃割破而造成的几百处皮肤伤口。"

他所描述的那种可怕程度，与第二次世界大战期间德累斯顿（Dresde，德国一都市）和东京燃烧炸弹的情形没有什么两样。正雄对接下来所发生的事进行了描述，表达了原子弹的特殊恐怖性。在原子弹之前，长崎曾受到过常规炸弹的袭击，人们都知道常规炸弹对身体所产生的最终影响。在原子弹爆炸的那些天里所发生的情况却是全然陌生的。这或许是因为它是一颗大炸弹而非很多小炸弹。而总的说，这颗大炸弹具有推后出现的伤害，伤害的原因又不明确，因此，一般来说核武器与辐射更令人恐惧。

"正如大家都十分了解的，高剂量辐射的最初征兆是，人们在一两个星期之后开始脱发。接着，由于骨髓衰竭，开始出现带有便血的严重腹泻。然后是因中性粒细胞（抗发炎的白细胞）大量减少而发炎，引起高烧。就长崎的原子弹而言，3万5千人在一天之内死去，还有3万7千人在3个月内死去。在存活下来的人中，有几乎相同数量的人在3年后患了白血病或在15～66年后（直到现在）患癌。"

正雄是长崎大学原子弹疾病研学院的院长，他的职业生涯中主要研究原子弹爆炸造成的长期性癌症后果。

据1950年的一项调查估计，广岛原子弹爆炸后16万人幸存，长崎有12万5千人幸存。据美国医学会估计，幸存者中有40％在2011年仍然活着，这已经是67年之后了，而且80％是在20岁之前受到辐射的。在这两次核爆炸中大约9万3千幸存者的生活一直都是，而且现在仍然受到密切监测。幸存者所受辐射的程度，从小于一般医疗程序的辐射剂量，到足以引起骨髓衰竭的辐射剂量。广岛幸存者的平均剂量是200毫西弗，或者说大约是一般美国人年度辐射剂量的30倍，也是一般美国人在一生中受到辐射量的一半左右，但那是在一瞬间受到的辐射量，而非在75年的正常寿命中加起来所接受到的辐射剂量。人们认为，有160位极为不幸，也是极为幸运的人，他们分别在广岛和长崎赶上了两次原子弹的投放，他们都活了下来。

白血病是最先在原子弹幸存者中发现的与辐射有关的癌症。广岛的日本医生高须山胁（Takuso Yamawaki）注意到在20世纪40年代后期，他的病人中患白血病的人数增加了。他在给西方国家的同事所写的信中提到他所注意到的情况，并在医学文献中发表了自己所经历到的情况，于是引发了广泛的关注，并因此而设立了白血病与相关疾病的登记注册（起初称之为原子弹杀伤调查委员会，Atomic Bomb Casualty Commission，或简称ABCC，现在称作辐射效应研究基金会，Radiation Effects Research Foundation，或简称RERF，由日本和美国政府提供资金）。白血病风险增加的报道在20世纪50年代初期予以公布。

原子弹杀伤调查委员会（ABCC）成立了若干个原子弹幸存者研究项目。为了确定白血病或其他癌症的任何增加程度，就有必要知道在一组没有受到原子弹辐射的对照人群中，这些疾病出现的概率。平时居住在广岛和长崎、但在原子弹爆炸时不在这两个城市的人，被选入了对照组。

原子弹爆炸幸存者、他们的孩子，还有他们的运气比较好的邻居们被分为小组，参与了寿命研究（life span study，简称LSS），并对健康问题每年作一次评估，其中有癌症、心脏病、先天缺陷以及遗传性基因异常等。在约12万人的寿命研究中，大约有 9 万 3 千人是原子弹爆炸的幸存者，余下的 2 万 7 千人在原子弹爆炸时都不在这两个城市，他们都在对照组中。可以想见，这项研究得到的信息十分重要，不仅这对那些正在被研究的对象来说很重要，而且研究的结果告诉我们很短时间内高剂量辐射对人的影响。这些数据被用来制定监管标准，并用来评估核事故与辐射事故。

虽然在原子弹幸存者中，很多癌症的风险都增加了，但是由于某些原因，白血病的情况较为特殊。辐射引起的白血病风险，与大多数其他的与辐射相关的癌症风险，在两个方面有不同。一是，辐射引起的白血病增长比例，大于其他癌症增长比例。骨髓中的细胞对电离辐射的致癌突变尤其敏感。大家知道，所见到的白血病有较大比例是由辐射引起，因为"自然产生的"白血病是一种相对罕见的癌症。在受到监测的大约 93000 名原子弹幸存者中，大约有 200 例白血病。据估计，其中的一半（大约 100 例）是因受到辐射而产生的。在受到辐射量大于 2000 毫西弗的大约 700 人中，有 25 例白血病可能是由原子弹引起的。

关于这类白血病的第二个重要方面是，这些人患病早于其他的由原子弹辐射诱发的癌症，尤其是对于儿童。10 岁的儿童受到原子弹辐射后，比 30 岁的人受辐射后患白血病的风险大 3 倍。在原子弹幸存者中还有一件值得注意的事，就是与其他癌症比较，辐射剂量与白血病风险之间的关系并非线性的（一条直线），而是复杂的数学函数（称为线性二次型）：如果这个风险是线性的，那么就会产生多于我们所预测的风险。而对于其他的、剂量与癌症风险之间的关系为线性的辐射诱发癌症来说，情况就不同了。

与原子弹相关的白血病在接触辐射大约 2 年后开始出现，在 6～8 年后达到高峰期，在 10～15 年后回到正常水平。然而，最近的一些数据表明，有一种形式，即慢性骨髓性白血病，很多年后风险都会增加。另外，一种与白血病密切相关的病，即骨髓增生异常综合征，比一般形式的白血病风险增加慢得多，但是在 60 多年后，其风险在原子弹幸存者中仍然是有增加的。

另一件奇事就是，淋巴细胞白血症（chronic lymphocytic leukemia，简称 CLL），这种欧洲人后代中最常见的白血病，并没有在原子弹幸存者中发现。在未受到原子弹辐射的日本人中也没见到 CLL。这一观测结果告诉了我们两个重要概念。一是，受辐射通常使人群中出现癌症的风险增加，但罕见癌症或不存在的那类癌症的风险并不增加。二是，CLL 并非一种辐射性癌，也就是说它不是受到辐射而引起的一种癌症，这与其他白血病形成了鲜明对照。第二个概念因受切尔诺贝利辐射的受害者中患 CLL 的概率有增加而在最近受到质疑，故不完全令人信服。这个争议仍有待解决。

受原子弹辐射后的大多数白血病，比其他类型癌症发病相对快一些（其他类型癌症发病需要几十年时间），这表明在一次辐射事故后，我们通过查找受辐射人群中的白血病的情况，就能够为后来可能发生的情况提早获得数据。

接触原子弹辐射后而患白血病风险的数据，还可以告诉我们辐射与癌症风险如何相互影响。例如，通常每1000个日本人中大约有7人在一生中会死于白血病。然而，在原子弹幸存者中，每1000人中白血病的死亡人数增加至10人。这样，虽然额外的病例绝对数字很小（每1000人中有3人），但是，它们代表了一个大于40％的增加量，而这个量对流行病学家和统计学家来说是非常大的。同样，虽然白血病在未受辐射人群中的癌症死亡人数中仅占1％，但在原子弹幸存者的癌症死亡人数中却占15％。

对于表达像白血病这样一种罕见癌症的风险来说，这些数据传递了一个重要信息。比如说，这种风险从每1000人中有10人增加到20人。每1000人中就会有10个多出来的癌症患者，或者说每100人中就有1个患者，这样说是正确的。如果我们认为有45％的男性在一生中会患癌症，那么在100名男性中患癌症的人数就会从45例增加至46例。对于大多数人来说，这种增加听起来是微小的。但是，说罕见癌症的风险增加了一倍（从每1000人10例增至每1000人20例）同样是正确的。对大多数人来说，癌症患者增加了一倍听起来令人恐惧。患癌症的风险程度听起来可以小，也可以大，取决于数据资料如何表达以及对这些数据资料如何理解。

原子弹幸存者中的实体瘤，如乳腺癌和肺癌这类比较常见的癌，与没有受到辐射的日本人相比是增加的。在遭受最低辐射剂量的幸存者中，约5500个癌症死亡者里，仅有大约400人（少于10％）死亡似乎是因原子弹的辐射引起的。胃癌（日本的一种常见癌症）与肺癌是幸存者中最常见的实体瘤。

对那些吸烟的人来说，肺癌的风险甚至更大。在日本，肝癌也是常见的，是原子弹幸存者中第三种最常见的癌症。20 多岁受到辐射的人患肝癌的风险大于比他们年轻或年长的人。

原子弹存活者中甲状腺癌的风险，与受到辐射时的年龄密切相关。大多数辐射诱发的病例发生在原子弹爆炸时年龄小于 10 岁的儿童身上。这与切尔诺贝利发生的情况类似，当时几乎所有过量的甲状腺癌，都是因为事故发生时碘-131 出现在儿童身体里和小于 20 岁的青少年身体里，当事故发生时，他们都小于 20 岁。

并不是每一种癌症在原子弹幸存者中都是增加的。为什么呢？可能的原因有几个。其一是，不同的组织和器官的细胞可能对辐射引起的破坏有不同的敏感性，包括 DNA（脱氧核糖核酸）的突变，这通常是患癌症的第一步。（有些科学家认为，除了 DNA 中的变化之外，称为表观遗传变异的遗传变化，也能引起癌症，不过这一点还有争议。）还有一种可能性就是，在所有组织与器官的细胞中，DNA 的突变以等频率出现，但是，有些细胞能更好地修复这种突变，而另一些则不能。这两种看法可能都行得通。

还有一种可能的解释就是，原子弹幸存者数目可能过少，无法表现出一种罕见癌症的小幅增加。在流行病学研究中如果找不到癌症的增加，不能说明没有增加，但的确告诉我们，这些增加肯定都是不明显的。

以骨癌为例。大量的数据资料表明，在受到高达 60000 毫西弗的辐射剂量后，尤其是当辐射集中在人体的一个小的部位，如一只胳膊或一条腿时，患骨癌的风险将增加。然而，在原子弹受害人群中，全身接受如此大的剂量就会立即造成死亡，此受害人群中的平均剂量是 200 毫西弗，或者说比这个数值少 300 倍。因此，即使骨癌是由放射性产生的，我们也无从知道，在原子弹幸存者中骨癌风险不增加是因为这个剂量过于低，不能引起骨癌，或因为幸存者人数太少而无法测到增加的风险，或二者皆有。

在广岛和长崎原子弹爆炸幸存的 160 人中，山口彊（Tsutomu Yamaguchi）是所知幸存者中的最后一位。他于 2010 年 1 月 93 岁时死于胃癌。无法知道他所患的癌症是否与他受到原子弹辐射有关。

对辐射恐惧的演变

1954 年，世界上第一座核能发电厂在莫斯科附近的奥布宁斯克（Obninsk）开始营运，现在世界上已有 430 多座核电厂。医用辐射已经从简单的 X 射线发展到了 CT 扫描（计算机断层扫描）和 PET 扫描（正电子发射断层扫描）。

辐射是如何从大多数人都赞赏并且希望一试的东西，转而成为多数人都惧怕而且要躲避的东西呢？当然，答案并不简单，而且人们的行为有时是矛盾的。例如，父母亲可能担心孩子盖电热毯睡觉会因为辐射而引起白血病，可是又在自己的孩子一次癫痫发作后，不顾医生的反对而坚持做一次脑部 CT 扫描，以排除脑癌的可能性。一次头部 CT 扫描对头部辐射的剂量，相当于某人离开广岛原子弹 4 英里的距离受到的辐射，而电热毯并不释放电离辐射。同样，担心全球气候变暖的人们，却往往坚决反对核能，但是核能却是能够大幅减少二氧化碳排放的、唯一立即可取得的能源，当然使用核能目前还有一些自身的问题，但这些问题也是可能解决的。

有几种想法或许有助于解释这种悖论。伦琴和其他人发现了辐射，这大大开阔了人们的视野。辐射让人们深入到物体中并观测其运作。辐射在医疗方面的应用，能够显示骨骼与其他的体内结构，有助于诊断，并拯救生命。后来放射治疗发展起来，给某些癌症提供了最佳的治愈机会。有些人为了治疗像湿疹和霉菌感染一类的慢性疾病，还要去镭温泉和山洞。20 世纪 40 年代和 50 年代，医生用辐射来治疗皮肤金钱癣，并用来收缩（误认为是）引起反复性小儿上呼吸道感染的肿大胸腺和扁桃体。

很难准确地说人们对辐射的热情在什么时候开始发生了变化。即使是在刚开始的时候，也有证据表明过多辐射具有潜在有害作用，例如，玛丽·居里死于再生障碍性贫血，还有，一些早期放射科医生患病与"镭女郎"患癌症等。当然，原子弹在日本爆炸之后出现了一个重大转折。20 世纪 30 年代期间，当发展原子弹的潜力出现时，一些物理学家表达了对这种计划的道德方面的担心，其中包括齐拉德（Szilárd）、德国人沃纳·海森堡（Werner Heisenberg）、丹麦人尼尔斯·玻尔（Niels Bohr），此外，还有爱因斯坦。然而，德国可能会更早地研制出核武器的这种威胁、日本对珍珠港的突然袭击，以及太平洋战争中巨大的牺牲，使原来的这些看法都无足轻重了。

当一支部队或者一个政府执行一项战略计划时，这项计划往往随着自己本身的意愿发展，而使参与者的意愿黯然失色。一旦开始制造原子弹，在日本没有无条件投降的情况下或许没有任何办法能够阻止原子弹在日本上空爆炸。[这种无法阻止的力量在 1989 年由罗兰·约菲（Roland Joffe）导演的电影《胖子与小男孩》（*Fat Man and Little Boy*）中，进行了恰如其分的描述。]大多数美国人对于太平洋战争的迅速结束都感到高兴，几年之后，他们才对受害于原子弹的平民百姓的伤亡有了不同看法。

对于辐射，从认为它是人类的助手，到认为它是人类的威胁这个看法的转变，因原子弹爆炸后美苏之间不信任而加剧。不知是因为苏联被允许接触了曼哈顿计划，还是因为杜鲁门总统和丘吉尔首相同意与苏联共享核技术，才使核武器竞赛得以发展。但是，一旦一个国家有了这种炸弹，其他国家也就会需要它，这是人类本性使然。可以肯定的是，围绕着核武器发展的秘密，还有核战舰和核潜艇，都导致了美英之间，还有与苏联之间不信任的加剧，这导致了核武器的升级，还导致了公众对自己政府的核武器政策，尤其是大气层试验方面的持续的反对。这种不信任不可避免地影响到公众对核能政策的意见。

政府和工业部门处理核能发展的方式，很不幸地与核武器混为了一谈。1953 年 12 月 8 日，艾森豪威尔（Dwight Eisenhower）在联合国大会上作了一次"原子能为和平服务"的著名讲演。他谈到在农业、医药，尤其是在发电方面和平利用核能。他预见，在未来，电力将十分廉价，可能免费供应。很可惜，这并没有实现。在很多发展中国家，核能满足了大量能源方面的需求，但是其进展遇到很多麻烦。很多人认为政府管理机构和工业部门在公众安全方面透明度不够。其中有些担心是合情合理的，有些则不然。三里岛、切尔诺贝利以及福岛的核电站事故进一步加深了全球的辐射恐惧。

核能与核武器之间的混淆就更加复杂了。自 20 世纪 90 年代早期起，伊朗与朝鲜声称发展核电站，而实际上在为制造原子弹从事铀浓缩和生产钚的活动，因此受到谴责。许多人看到了所谓合法利用核技术与在国内建立核武器之间的一种直接联系，例如在伊朗和朝鲜。这种态度必然导致另一种或许是更大的担心，即在核能技术扩散与国家发展核武器之间的一种直接关联。这种担心是切切实实存在的，不容忽视。

最后，核能与核武器往往与乏燃料的问题连在一起。人们越来越担心恐怖分子会取得这些材料来发展一种简易核装置或放射性装置。对产生更大数量的武器级材料的快中子增殖反应堆发展的讨论，使这些担心进一步加重。也许，部分原因是因为电影与其他媒体经常夸大描述辐射的影响，很多人认为一所核电厂就像一颗原子弹那样能够爆炸，其实这是不可能的。当然，核电厂内部发生过爆炸事件，但是那不是核爆炸，而且影响远远不及核裂变引起的爆炸。切尔诺贝利反应堆的建筑是被一次蒸汽喷发毁掉的，而部分福岛反应堆的建筑是被一次高度易燃氢气爆炸所摧毁。

第3章
辐射的性质

　　如前所述，我们的生命，是在通常情况下遵循特定规则的亿万种化学反应的总和。然而有些时候，有些事物，例如电离辐射，改变了这些化学物质，这些化学物质反过来又会改变它们互相之间的反应，并使我们身体发生变化。

　　令人惊讶的是，生命是那么多种多样，而就所需要的化学成分而论，它们所需求的又是如此之少。在已知的 118 种元素（根据原子核内质子的数目，每一种元素都有一个独特的原子序数）中，人体具有 26 种。其中的 6 种——氧、碳、氢、氮、钙和磷占我们每个人身体的 99％。（仅是氧就占我们身体质量的 65％。）

　　在大自然中存在的大约 90 种元素中，有些存量丰富（例如铜和铅），其他元素只以痕量存在（例如钫）。余下的 28 种，一般只能在实验室制成，或者由原子裂变生成（虽然有迹像表明钚的最稳定的同位素钚-244 曾经天然地存在过）。在化学元素周期表上原子序数大于铊（thallium，原子序数 81）的所有元素，都具有放射性同位素，来自钋（polonium，原子序数 84）和原子序数比它大的元素的所有同位素都具有放射性。

由于元素的原子核含有不同数目的质子，所以元素之间差别很大。每一种元素都有带正电的质子和电中性的中子，周围排列着带负电荷的电子云。元素周期表上一种元素的原子序数，是由原子核中的质子数目决定的。因此，氢有一个质子，原子序数是 1；氧有 8 个质子，其原子序数是 8；铀有 92 个质子，原子序数为 92。

原子序数就是用来定义元素的。然而，很多元素是以略有不同的形式出现的，即质子数目相同而中子数目不同。因此，虽然原子序数完全相同，但是原子量——元素的质子与中子之和则不同。一种元素的这种不同形式称为同位素，或者，如果具有放射性，就称为放射性同位素。例如，所有形式的碘都具有 53 个质子（53 个质子使其成为碘），但是它们有不同数目的中子。碘-127 有 74 个中子，所以原子量为 127，是稳定的，而不稳定的碘-131，也有 53 个质子，但是有 78 个中子，因此，其原子量为 131。由于碘-131 具有放射性，因此称之为碘的放射性同位素。

有些同位素是稳定的，它们从不衰变成同一种元素的另一种形式或者不同元素。铝-27 就是一种稳定同位素的一个例子。原子量是用称为道尔顿（daltons）的单位来衡量的，这是根据英国化学家和物理学家约翰·道尔顿（John Dalton，1766—1844 年）命名的，他是原子理论的先驱，在色盲方面出版过研究著作，因此色盲有时候被称为道尔顿症。一个道尔顿就是一个质子或者一个中子的大约质量。这的确是一个微量，5亿亿亿亿道尔顿相当于1磅（1磅约为0.45千克）。

有些元素与其同位素本来就不稳定，大多数释放电子或正电子、阿尔法粒子以及/或者伽马射线。很少有同位素自发释放中子。如果一个中子或质子被释放出来，那么这个原子的原子量就会发生变化，一种新的核素就出现了。如果这个原子的数目没有变化，那么就会产生同种元素的一种新的同位素。例如，铀-238能够自发地释放出一个阿尔法粒子，这就是说它的原子数减少了两个质子，变为钍（thorium，符号Th，原子序数为90）。而且，由于失去了一个阿尔法粒子（2个质子和2个中子），原子量减少到234，因此，得到的是钍-234。这个过程会继续下去，直到一种稳定的同位素——铅-206形成为止（见69~70页）。

炼金术士曾经梦想着要把铅变为金。据我们所知，这种努力无一成功。然而，新元素从现有的元素中创生确实是可以实现的，是通过轰击天然存在的、带有原子或亚原子粒子的元素而取得的。

关于美国独立有一条有趣的脚注，或许与变铅为金有关。英国国王乔治三世（King George Ⅲ，1738—1820年）在位期间面临严重金融困境，因而求助于炼金术士。这些炼金术士在宫殿内的一间庞大的实验室里工作，或许想利用砷来炼金。这位国王喜欢在实验室里碰碰这个碰碰那个，然而却患有叫做卟啉症（porphyria，一种遗传性卟啉代谢的病态紊乱）的代谢病，患了这种病，血红蛋白的一个重要部分无法正常产生。某些患有卟啉症的人，会因砷析出的沉淀而患上精神不稳症，这可能造成了他的"精神失常"，并对美国殖民地有关事宜做出了不当决定。

放射性核素能够伤害我们，放射性核素也能够帮助我们，又或者，二者皆有。铯-137 可以引起肾癌、肝癌和骨癌，但是放射治疗师利用设备中的这些同位素来治疗某些癌症。碳-14（产生于大气层，主要是在高度为 3 万与 5 万英尺之间，通过宇宙线与空气中的氮分子相互作用产生，然后飘落到地面），可被用来判定史前动物与树木的年龄，并能揭示构成糖尿病、贫血和痛风的代谢异常。足量的碘-131 能够引起甲状腺癌，但是，它也用于诊断与治疗甲状腺癌以及其他甲状腺疾病。

"半衰期"

正常的碘-127 没有放射性，而且对人类健康至关重要。缺乏碘-127 能够引起甲状腺肿大和甲状腺功能减弱。如果这种情况发生在婴儿期，其结果就是严重智障，称为克汀病。缺碘，影响到世界上大约 20 亿人口，同时也是弱智首要的可预防的因素。很多人的饮食中没有足够量的碘-127，因此，从 20 世纪 20 年代开始，在美国与其他国家，食盐中就加入了碘-127。现在这种做法在很多国家都是必须实行的。当你买到一盒"含碘"食盐的时候，你就可以保证自己和家人摄取了足量的碘-127 来预防甲状腺疾病了。

与碘-127 不同的是，碘-131 不稳定，而且发生着自发性衰变。如果你在一个碗中盛满碘-131 原子，等待足够长的时间后，几乎全部都会衰变成氙-131。然而，我们无法预测这些完全相同的碘-131 原子中某个原子何时会衰变，这个过程是随机的（在统计学中称为概率）。我们能够预测的是这些碘-131 原子的一半分裂成氙-131 所需要的时间。

这段时间叫做物理半衰期，对于碘-131 来说半衰期大约是 8 天。不同元素的同位素半衰期可以从十亿分之一秒（例如砹-213），到数十亿年（例如硒-82）不等。如果我们从碘-131 的 1 千个原子开始计算，8 天之后，就会剩下 500 个，再过 8 天，就剩下 250 个。如果认为某物在衰变时，它的产物会有更短的半衰期，这样想是很自然的。但是未必总是如此，有时候其产物有着更长的半衰期。

且想一想在切尔诺贝利和福岛这样的核反应堆的核心所发生的事。燃料棒主要是用铀-238 制成的，但也有构成总质量大约 4％ 的浓缩铀-235。当来自一个中子源的中子——比如说，来自一个铀-235 原子核的中子，打击了一个新的铀-235 原子的核，那么又有中子被释放出来。这些中子在一次链式反应中能够继续打击核燃料中的其他铀-235 原子。当其中的一个中子撞上钚-240 的一个原子的核时，这个被俘获的中子就产生了放射性同位素钚-241，其半衰期为 14 年。但是，这个新产生的钚-241 原子立即开始衰变成镅-241，其半衰期为 432 年。来自核废料，即乏燃料棒的辐射也是如此，部分辐射是来自镅-241，而非钚-241：钚-241 会在 140 年中衰变至一个微不足道的水平，但是镅-241 具有放射性的时间会超过 4300 年。

当放射性进入一个生命有机体，例如人体的时候，另外一种半衰期，即生物半衰期便开始起作用。这是躯体排除任何物质的一半所需要的时间，无论这种物质是具有放射性的，还是稳定的。当一种放射性核素进入人体的时候，我们所接触到的辐射量（有效剂量），是放射性核素的物理半衰期与从躯体或其他因素的清除速率之间的一种复杂的相互作用。

生物半衰期是很复杂的，这取决于几个变量，例如放射性核素的物理与化学形式。举个例子，像氡这样的气体，在吸入后溶解在血液中，很可能通过肺排出。氡是 6 种"惰性"气体之一，很少与身体中的化学物质起反应，因此它能在没有危害的情况下经过人体。相比之下，锶-90 会与人体中的化学物质相互作用，并可能融入骨骼中，因为对于身体来说，锶-90 与钙相似。人体的骨骼比大多数人所想象的更具有活力：新的骨骼在不断地形成，原有的骨骼在不断地被吸收。然而，这个过程需要时间。因此，锶-90 比氙-131 留在我们身体里的时间要长得多。

不同生物代谢途径，使生物半衰期更为复杂，生物代谢包括呼吸、尿液、胆汁和排泄物。肾功能衰竭者与肾功能正常者相比，从尿液中被排出的放射性核素，大概率在体内停留的时间更长。由于有些放射性核素也是重金属，它们可能会通过化学的、非放射性相关的机制而直接损害肾脏。这就是说，身体接触到的辐射会多于在肾脏正常下接触到的辐射。

生物代谢有时候能够把放射性核素更迅速地从体内清除出去。例如，铯-137很像正常的钾，其中有一些可从汗水中排出。有些科学家建议，可让戈亚尼亚事故中的受害者进入桑拿浴中，让他们多出些汗，更快地排掉铯-137。这样做是否起作用，无人知晓。另一种可行的做法是提供辐射受害者化学药物治疗，其可与放射性核素有效地结合，并随后从尿液中排出。"英国抗路易斯毒气剂"是第二次世界大战中用作化学战的毒剂路易斯剂（砷的一种形式）的解毒剂，后来成为除掉身体内诸如铅和砷等重金属的一种方法，此为这种化学药物的一个例子。

将一种放射性核素的生物代谢与自然衰变相结合，结果可使排出速度加快。当然了，我们最感兴趣的是电离辐射与人类、与人所食用的植物和动物之间的相互作用：辐射在自己身体中会待多久呢？这个答案不只取决于物理半衰期，而更多地取决于有效半衰期，有效半衰期将生物半衰期的因素包含在内。由于物理半衰期和生物半衰期之间的差异，一次放射性核素释放对环境的影响，可能与它对人们健康的直接影响完全不同。

我们来说明一下某种放射性核素的物理半衰期，对人体健康的潜在的影响后果。假定某个人吸入或者摄取完全相同数量的具有相同生物半衰期、但不同物理半衰期的两种放射性核素的原子，即放射性核素甲与放射性核素乙。放射性核素甲具有1秒钟的物理半衰期，而放射性核素乙具有400年的物理半衰期。对于放射性核素甲来说，会在进入体内后10秒钟内发生大部分放射性衰变。然而，对于放射性核素乙来说，极少数原子会在 10 秒钟内衰变，所以，短期内储存于我们体内的能量就非常少。由于我们大多数人只活 70～80 年，所以进入我们体内的放射性核素乙的原子，极少会在我们一生中对健康造成危害。

可真是的，这样说也太简化了吧。实际上，不同的放射性同位素会释放出不同的射线。有些衰变释放出伽马射线，伽马射线能从把它们释放出来的原子核中，行进一段很长的距离，这样的话，在我们的脚趾衰变的原子的能量，就有可能接触到我们大脑中的一个细胞。其他原子衰变释放出阿尔法粒子，因为阿尔法粒子是密集式电离的（至少与电子相比是这样）。它们在体内短距离内沉积了自己的能量。于是，从脚趾内的一个放射性核素中释放出来的一个阿尔法粒子，可能对局部造成损伤，但是不会影响到我们大脑的细胞。因而，当我们考虑到吸进或摄入一种放射性核素对健康的影响时，我们必须考虑到物理半衰期、体内放射性核素的分布以及所释放的辐射的类型。

铯-137，它在人体中有 30 年物理半衰期，但却有 70 天生物半衰期。这就是说，我们所吸入或吃进去的铯-137 的大多数原子，从摄入那天起，在 700 天后或者说大约在 2 年后就会从我们体内消失。原因何在？对我们的身体来说，铯-137 从化学的角度看像是钾，于是以几乎相同的方式得到处理，因此它很容易被吸收，之后不断地从汗水、唾液和尿液中排泄出去。锶-90 的物理半衰期为 29 年，与铯-137 几乎相同，然而身体把锶认作钙，钙是不易被吸收的，70％没有被吸收，很快通过尿液与粪便排出体外，这个部分对我们的健康毫无影响。不过，余下的30%进入了我们的骨骼，并伴随着我们。锶-90的生物半衰期为49年，如果你在1岁时吸入或吃进一些锶-90，到了70岁时，仍然有大约1/4在身体中。锶会在人体中经历2.5个物理半衰期，及不到2个生物半衰期，而铯将经历350个生物半衰期，并且大部分已从身体离开有68年之久。

　　放射性衰变会继续下去直到放射性核素达到一种稳定状态。这可能是一条漫长而曲折的路，例如铀-238的自然衰变链顺序如下：

• 通过阿尔法辐射，半衰期为45亿年，衰变为钍-234（thorium-234）

• 通过贝塔辐射，半衰期为24天，衰变为镤-234（protactinium-234）

• 通过贝塔辐射，半衰期为1.2分钟，衰变为铀-234（uranium-234）

• 通过阿尔法辐射，半衰期为240000年，衰变为钍-230（thorium-230）

• 通过阿尔法辐射，半衰期为75000年，衰变为镭-226（radium-226）

• 通过阿尔法辐射，半衰期为16000年，衰变为氡-222（radon-222）

• 通过阿尔法辐射，半衰期为3.8天，衰变为钋-218（polonium-218）

- 通过阿尔法辐射，半衰期为 3.1 分钟，衰变为铅-214（lead-214）
- 通过贝塔辐射，半衰期为 27 分钟，衰变为铋-214（bismuth-214）
- 通过贝塔辐射，半衰期 20 分钟，衰变为钋-214（polonium-214）
- 通过阿尔法辐射，半衰期为 160 微秒，衰变为铅-210（lead-210）
- 通过贝塔辐射，半衰期为 22 年，衰变为铋-200（bismuth-210）
- 通过贝塔辐射，半衰期为 5 天，衰变为钋-210（polonium-210）
- 通过阿尔法辐射，半衰期为 140 天，衰变为铅-206（lead-206），这是一种稳定核素

　　还有更曲折复杂的事呢，有些放射性核素通过若干种不同的途径衰变。例如，铋-212 的衰变中大约有 1/3 通过释放一个阿尔法粒子衰变成铊-208，而大约 2/3 的铋-212 通过向钋-212 释放一个电子而衰变。铊-208 和钋-212 都是铋-212 的放射性子体产物，二者都直接衰变为铅-208，铅-208（与铅-206 一样）是稳定的，不会再衰变。

　　铀-238 和铋-212 的漫长而神秘的旅程最终所表明的是，这样迂回曲折的半衰期，不管它可能经过多少个千万年，或多少个亿万年，放射性核素通常结束于两种物质。从很长远、很

长远、非常长远的观点来看，几乎所有的放射性核素都变成了铅或铊-205。

最后一种复杂的情况就是反复地接触。到目前为止所讨论过的例子，都是假定瞬间接触的情况，就像在广岛和长崎的原子弹爆炸那样，其间，来自一颗炸弹的所有能量和辐射即刻释放出来。与我们想象的相反，当一颗原子弹在空中爆炸的时候，炸弹最后在爆炸现场形成的放射性落尘很少，因为它释放的放射性核素集中在蘑菇云中，并吸入较低大气层（对流层）中，当然这都取决于爆炸高度。然后放射性核素就被风吹到了远处，包括两极。但是，像切尔诺贝利或福岛这样的核电站发生的事故，就十分不同了，其辐射情况更加复杂。有些放射性核素直接沉积在发电站周围的地面上，其余的就向大气层中释放，并在不同距离形成落尘，距离的远近取决于落尘是颗粒还是气体，还要看这些落尘的大小如何。

碘-131

内分泌系统包括大脑、卵巢、睾丸、胃、垂体、肾上腺，以及很多的身体器官和组织。例如，肾上腺是位于肾脏上方很小的、呈三角形状的腺体，肾脏会因为情绪，如惊讶、兴奋或恐惧等，增加肾上腺素分泌。从进化意义上来说，这有助于"战或逃"（fight or flight）的反应。所有的内分泌腺都把它们所产生的激素直接输送到血液或附近的细胞中，而不是通过

"导管"输送。

甲状腺是内分泌系统最大的腺体之一。它是一个蝶状的器官，位于喉结之下，产生的激素能够调控新陈代谢，即维持生命的化学反应：它是人体的一个控制台。碘-127能使甲状腺执行这些功能。因此，碘-127对人的健康至关重要。然而，它的近亲碘-131却是一种潜在的威胁。碘-131以气体或颗粒形式释放出来，随风而行，能够被吸入。如果沉积在草中，就会被放牧的牛吃进去，进入牛奶中，而牛奶是儿童食物的主要来源。当碘-131进入身体后，会集中在甲状腺内。如果有人喝下被污染的水，或吃进被污染的土地生长的带叶蔬菜，它也会进入甲状腺。当你接触到碘-131时，如果你的甲状腺没有自然地补足碘-127，那么甲状腺就会把你吸入的、喝下的或吃进去的碘-131吸收进来，因为甲状腺不能够分辨这两种碘。碘-131的电离辐射能引起甲状腺细胞内DNA的突变而导致癌症。防止吸收碘-131的一种简单办法是，确保甲状腺有足够的普通的碘。碘-131就像是没有停车位的一辆汽车，活动起来影响很小，甚至没有影响，因为所有俘获碘的空间，都充满了非放射性形式的碘。

对于一个可能接触过高剂量碘-131的人来说，最佳的直接干预的办法是，在接触碘-131之前，不要食用来自污染地区的牛奶、奶制品（如奶酪）与新鲜蔬菜，并服用非放射性碘片，即碘化钾。但是，这些食物方面的干预只适用于碘-131释放之后最初的80天（10个半衰期）。此后，基本上所释放的全部的碘-131都会衰变成稳定的氙-131。一块奶酪在碘-131

污染一个月之后具有放射性，过了 3 个月后就没有放射性了，这看起来或许不甚合乎情理，但是，事情就是如此。如果碘-131 的释放不仅仅是一次性事件，而是持续不断进行的，那么就要延长注意食物安全的时间。

只有处在最大暴露风险地区的人们才应该服用碘片，尤其是儿童。原因是服用碘片还有对健康不利的一面。不少人对碘过敏，某些甲状腺疾病的患者服用过多碘病情会恶化。另外，儿童尤其会因服用过多碘而意外中毒。服用过多碘带来的风险，不同于服用过少碘所面临的风险。如碘服用过多会有毒性作用，包括使有些人甲状腺过度活跃（甲亢），而这种疾病可以致命。

在福岛核电站爆炸之后的那些日子里，5 千英里之外的加利福尼亚州药店里几乎买不到碘化钾片，人们已经把此药买空了。这是一种毫无意义的预防措施。加利福尼亚居民服用碘片来防备从福岛释放的碘-131，无异于他们购买雨衣来防止巴塞罗那的降雨把自己淋湿。这并非是要低估直接接触碘-131 的危害，而是说释放出来的碘-131 的影响，既受机遇又受反应时间的影响。1986 年切尔诺贝利核反应堆熔毁所释放的碘-131 对人的危险，与 2011 年福岛核电站爆炸所释放的碘-131 对人的危险有明显不同。

福岛灾难发生时，风是离开海岸往东吹的，把绝大部分的碘-131 带向大海。（鲍勃很快到达事发现场。）即使风在陆地上吹，其危险也不见得如人们想的那样严重。日本人的饮食并不缺少碘，他们通常从鱼类、海藻（海带中碘化钾的天然含量很高），以及其他来源中摄取了大量的碘。白俄罗斯、乌克兰和俄罗斯的农民在切尔诺贝利事故前后都以当地产的牛奶、奶制品与蔬菜为生，而日本儿童吃的是从别处运来的没有污染的食物。牛奶是碘的主要来源，而且小孩子从牛奶中摄取的营养比成年人多。这一点很重要，因为年轻人的甲状腺相对于身体来说比成年人大一些，他们的甲状腺中会聚集更多的碘，于是就会接受高得多的辐射剂量。与成年人相比，婴儿对碘-131更敏感，敏感程度高出 5 到 30 倍。甲状腺癌的这种与年龄相关的特点，对评估一个人的癌症风险十分重要。在原子弹幸存者中和受到切尔诺贝利辐射的人口中大多数增加的癌症，发生在事故发生时小于 20 岁的人身上。成年人相对地对辐射引起的甲状腺癌更有抵抗力。

在日本的大多数受严重影响的地区，碘化钾片被有效地分发了下去，而且人们都已撤离。对福岛县 1000 名儿童的放射性碘的测量显示，放射性碘的含量很低，或者不存在放射性碘。日本科学理事会（相当于美国国家科学院）预测说，即使福岛第一核电站事故会导致甲状腺癌的话，那也会很少。

福岛核事故后，现已对大约 175000 日本人做了初步外部辐射的测量。测量表明内辐射水平较低。根据这些数据，福岛事故带来的主要健康后果，可能来自因地震与海啸造成的巨大生命损失，还有社会与经济混乱而带来的心理影响。人们对居住在福岛附近受辐射最多的地区的儿童，开始了一项针对辐射对甲状腺疾病影响的长达数十年的研究。研究中，会对 2 岁到13 岁的儿童，每两年做一次甲状腺超声波检查。像这样的一次范围广泛的研究存在一个问题，那就是，没有同样年龄的未受辐射的正常儿童的数据。此项研究可能发现许多与接触辐射毫无关系的异常情况。其中有些异常情况毫无疑问会做活体检查和其他处理，其中有些处理，或者很多处理，可能是不必要的，甚至是有害的。（试图对潜在风险和利益之间做出平衡的这种复杂性，类似于目前检查乳腺癌和前列腺癌的争论。）此外，比起对原子弹爆炸受害者的研究，我们没有未受辐射儿童的对照组，如此，任何结论都必须依赖于接受了较低辐射剂量与接受了较高辐射剂量的儿童的一种比较。此外，我们缺少令人信服的数据，证明甲状腺癌的早期检测利大于弊。

　　福岛核事故之后，有些人建议福岛急救人员应该为自己做血液或骨髓细胞采集并冻结，一旦他们的骨髓因辐射而病变就需要这些细胞来进行移植。在受到高剂量辐射之前这些血细胞是能够收集到的。但是其他人反对这种办法，认为有 2 万多福岛工作人员，没有人可以分辨其中哪些人可能在无意中受到高剂量辐射；从如此多的人中采集与储存血液细胞，也有着潜在的安全隐患；而且极有可能这些细胞永远都用不上。这种在意见上的分歧，导致了日本专家激烈的争议。最终，鲍勃与他的日本同事说服了日本政府和日本科学理事会，说这是一种不明智的想法。（事故发生一年多后，据说有一些与事故后果有关的工作人接到命令，把测量他们受到多少辐射的测定器用铅盖住，来阻止记录的真实剂量，这件事如果属实，那就是良心泯灭。）

　　在切尔诺贝利事故发生后，鲍勃和他的苏联同事为 13 位受到极高辐射剂量的、看起来无法从骨髓损伤中幸存的急诊病人做了移植手术。除骨髓外，这些患者的身体组织与器官都受到了严重的损伤和破坏，这使鲍勃和他的同事得出结论：即使移植成功了，也仅仅能帮助比例很小的一部分人存活下去。

在福岛事故发生后的几个星期里，有报道说来自该地区的牛奶受到核电站的辐射，有高剂量的碘-131。由于可能的直接危害性，大量的牛奶被销毁掉了。

在福岛事故发生后的几周和几个月内检测到的其他辐射峰值，能够最科学地衡量其真正的危险。某天，在东京的饮水中，记录着碘-131含量超标（容许水平应少于每公升300贝克勒尔，或是万亿分之0.00008），居民们每天需要喝6公升水，一个月接受的内照射剂量相当于一位航空机组人员在一年内从洛杉矶飞到东京所受到的外辐射剂量。目前数据可以充分证明航空机组人员患癌的风险没有增加，即使有任何增加的风险，那也是很少的。（不过，在这个问题上存在着争议，有报告说，女性机组人员患乳腺癌的概率多于飞行次数少的其他妇女。）碘-131可以很准确地测量出来，这样，监管部门可以设置一个万亿分率的限度（10^{-12}），其他较难测量的物质警戒水平为百万分率或十亿分率（10^{-6} 或 10^{-10}）。可见，碘-131的测量精度就会比难测物质高1000到10000倍以上。

在放射性物质排放到海洋中之后，食用福岛附近的鱼安全吗？这种担心很自然。相关部门已经采取了严格的缓解措施。但关键问题是，如果检测出来的辐射高于正常值，我们如何能够保证任何食物的安全性呢？要把这个问题讨论透，就要考虑到食用可能受放射性核素污染的食物所带来的风险。

F. 欧文·霍夫曼（F. Owen Hoffman）是田纳西州橡树岭风险分析中心的能量、核与环境科学专家协会的主席，是辐射风险评估领域的一位领导者。他是国家辐射防护测量委员会的荣誉会员，并担任联合国核辐射效应科学委员会顾问。2012年6月霍夫曼在给我们信中说"这类情况使卫生保健机构想在不全面披露所检测到的辐射剂量的情况下，把进入市场的受到污染的样品以'安全'或是'不安全'公布出来。"

另一个难题就是，（美国的）食品安全标准把后来生活中的致癌物水平限制在约为一生中癌症发病率风险的十万分之一或百万分之一。对于一个平均年龄和中间性别（无此类性别）的人来说，规定的致癌物风险会使他的身体积累一生的剂量仅有 0.01 毫西弗至 0.10 毫西弗，这个剂量水平远远低于任何放射卫生组织所认为的明确"安全"的水平。

我们的身体能够耐受的电离辐射的剂量，或许比大多数人所认为的剂量更多。且想一想来自切尔诺贝利、来自福岛以及来自从 20 世纪 50 年代到 60 年代的大气核武器试验的放射性碘-131 和铯-137。尽管并非每个人都同意，而且目前数据并不完全，可以说切尔诺贝利释放的放射性物质大概比福岛多 5 到 10 倍，大气核武器试验释放的放射性物质大约比切尔诺贝利多 200 倍，比福岛多 2000 倍（这些估计是有争议的，只是用来提供一个相比较的标准而已）。切尔诺贝利的释放量比较大有很多原因，一个主要原因是没有那种大多数商业核能反应堆都有的、有效的外壳结构。

放射性核素释放的辐射估计：

事件	碘-131/EBq[1]	铯-137/PBq[2]
切尔诺贝利核电站事故	1.8	80
福岛第一核电站事故	0.15	13
原子弹爆炸	675	950

[1] EBq, exabecquerel，10^{18} 贝克勒尔。

[2] PBq, petobecquerel，10^{15} 贝克勒尔。

接触辐射，并非总是像表面上看起来那样。广岛和长崎的原子弹受害者几乎在一瞬间受到了全部辐射，此前我们曾提及这一点。但是，当一所核电站事故把放射性核素沉积到环境中时，假设附近的居民不搬迁的话，他们会在余生中都受到辐射。

当然了，在放射性云的路径上的人们，可能会接受到一个危险的辐射剂量，取决于放射性核素的浓度、大气的条件以及在"放射性烟羽"路过时他们是在室内还是在室外。所采取的保护公众的直接对策也十分重要。日本政府对福岛事故的反应，不管周密与否，却是相当奏效的。大多数人都得到了防护，然后以相对有组织的方式进行了疏散。有些人还得到了碘片。运气也可能扮演了一个重要的角色。非常幸运的是，起主导作用的风把大约 80% 的释放出的辐射吹向太平洋。（在第 8 章我们还要解释为什么这种情况是幸运的。）然而，当一个独立委员会评估与福岛事故有关的文件时，发现了日本政府、核电站设施的官员与东京电力株式会社总部之间存在着相当大的混乱。而且，紧急事务处理当局没有共享或使用某些放射性污染方面的重要数据，导致有些人（幸好人数很少）被疏散到了污染程度较高的区域，而且有些儿童留在了重污染地区时间过长。尽管如此，这些有计划的（或许有时是困惑的）行动措施在保护公众方面很大程度上是成功的。

这与切尔诺贝利事故形成了鲜明对比。在切尔诺贝利事件中，风吹向了欧洲和斯堪的纳维亚，没有大量的水来冲淡释放出来的放射性物质。而且，苏联的基础建设与日本十分不同。苏联当局迅速撤离了大约 4 万住在普里皮亚季的人，这是个高楼林立的城市，离受损反应堆不到两英里。居民们还领到了含碘药片。但是，由于联络效率低，对 20 英里禁区的居民的疏散工作更复杂些。士兵们用好几天时间挨门挨户劝说居民离开。因为很多人靠自给自足的小农场为生，所以不能对牛奶、奶制品以及附近种植的蔬菜等这些居民的主要饮食进行检疫。

放射性云层在上空移动，云层下面遍地都是这样的农场。生活在放射性云路径下的人们没有别的食物来源。正如以上所提到过的，他们必须食用自己种的东西，喝自己饲养的牛挤出来的奶，而且因为基础设施的不足，除了住在普里皮亚季的人之外，放射性云路径下的居民没有得到碘片。如今，很多居住在美国核电站附近的人在家中都存放着碘片，以防有放射性气体泄漏。

从媒体的角度来看，苏联政府对切尔诺贝利灾难的反应，与日本对福岛事故的反应相比是极为冷漠的。切尔诺贝利核电站 4 号反应堆爆炸是在 1986 年 4 月 26 日发生的，但是第一次官方公布却是在 5 月 14 日，这段时间"放射性烟羽"已经路过了现在的白俄罗斯、俄罗斯、乌克兰以及西欧的大部分地区和斯堪的纳维亚。据估计，辐射的 60％都留在了白俄罗斯，而且那里的成千上万的居民都是依靠自己家庭农场的农产品为生的。

很多人认为，成千上万的人死于切尔诺贝利事故的核释放引起的疾病（一则不久后来自澳大利亚报纸的新闻说这个数字是 100 万），而且，其中有特大真相掩盖。有人轻而易举地把疾病和死亡的责任推给一场灾难性事件，而看不到生命本身的变化无常。2006 年世界卫生组织报告说，在切尔诺贝利放射性散落物污染最严重的地区，死于癌症的人数并不多于这些人口中正常死亡的人数。然而，因为没有碘片分发，也因为那么多儿童在不知不觉中饮用了被碘-131 污染过的牛奶，因此事故发生后 3 个多月内，在白俄罗斯、俄罗斯以及乌克兰，有 6000 多例甲状腺癌病例，据联合国原子辐射效应科学委员的数据，其中大约有 15 人死亡。其他短暂放射性碘的形式，如碘-128，可能和铯-137 一样，起到了一定负面作用。不过，碘-131 即使不是唯一的罪魁祸首，也应该是主要的诱因。最新的研究表明，甲状腺癌在事故发生 25 年多之后，发病率仍保持居高不下。这个水平在后来的几十年中应该开始下降。据估计，甲状腺癌的总数可能是 1 万例以上，可能多达 1 万 6 千例。所幸的是，大多数甲状腺癌已经治愈。

切尔诺贝利核事故释放的辐射导致多出现了多少癌症呢？估计的范围是，儿童和青少年中有 6000 例甲状腺癌病例，成年人中有几十万其他种类的癌症。国际癌症研究机构预计，到

2065 年会有多达 25000 癌症病人。尽管这使人感到不安，但是我们需要记住，在此期间会有数亿人口因其他途径而患癌症。与切尔诺贝利有关的癌症的正确数字，将永远不得而知。部分原因是在估计癌症与癌症死亡方面有相当大的不确定性。尤其是，在非常低剂量的辐射下，特别是一段长时间的间隔后接触到辐射是否还会增加癌症风险，这个问题还存在着争论。

此外还有其他统计上的困难。其一，我们不能准确地知道大多数人接受到的辐射剂量是多少。当放射性烟云经过时，待在室内的人，比那些在户外的人接受到的辐射量少得多。然而，大多数人并不知道放射性烟云何时过去，因此他们不可能准确地再现自己当时的行踪。还有，很多人在不同时间从受到污染的地方被疏散出来，这样，他们接受到来自地面污染与食物污染的剂量就会有很大的差异。

接下来，我们就谈一谈这个地区的政治现实：很多暴露在辐射中的人不再居住在切尔诺贝利一带了。他们居住在别的地方，甚至居住在其他国家，对他们进行追踪却找不到人。切尔诺贝利核事故后，没有多久就发生了苏联解体，在这种情况下，很多人的生活方式改变了，大多数变得更糟了。例如，吸烟和饮酒量有增加，带来的结果是预期寿命大大地缩短。把受辐射的情况除外，这两种情况都与癌症风险增加相关。对癌症发病率或患病率的变化作出任何分类整理，都是困难的。很多科学家认为，除了 60 万左右的做缓解工作的人员（也称为"清理人员"）之外，对切尔诺贝利事故中居民的健康影响作出一个合理估计是不可能的。

请记住，人一生中罹患癌症的风险大约是，妇女为38％，男子是45％。在一生中，差不多每三个妇女中就有一人患癌，大约半数男人有此风险。即使是为数不少的与切尔诺贝利事故相关的癌症，比如说10万人，癌症风险的改变也只小于0.1％。考虑到这些因素，就不难明白为什么对切尔诺贝利事故之后的结果有那么多争议。还应该指出，大多数由于原子弹爆炸的放射性引起的癌症（大约占全部死亡的8％）是在几十年之后才发现的，而切尔诺贝利事故才过了25年。从辐射诱发癌症的情况来看，除白血病和甲状腺癌之外，25年还是一个非常短暂的时间。

由于人们不懂电离辐射，切尔诺贝利事故发生后，在苏联和欧洲，流产堕胎案例估计有10万例。母亲和医生都错误地认为，这些胎儿会因放射性尘埃而有存在先天缺陷的风险。这些堕胎都是不必要的。在日本，大约有3000位怀孕妇女暴露于原子弹的大剂量辐射中，但是只有30个孩子有可检测到的出生缺陷。在爆炸发生时，所有存在先天缺陷的儿童，都是在妊娠中期，这是个关键时刻，此时正是神经细胞从胚胎处移动的时候，接触到辐射，看来多少会干扰这种正常的移动。有三分之二以上的胎儿接触到的原子弹辐射的剂量大大高于白俄罗斯、俄罗斯、乌克兰和欧洲的任何人从切尔诺贝利事故可能接触到的辐射剂量，却没有受到任何影响。没有任何妇女的胎儿因为切尔诺贝利事故的放射性尘埃而受到伤害（在救火员、营救人员或者数千名参加清理工作的清理人员中，没有怀孕的妇女）。

如果将最细微的、最不明显的先天缺陷包含在内，那么在"正常"美国人口有多达 10% 的儿童有先天缺陷。当某个居住在乌克兰的人有个孩子有先天缺陷，那不一定就是因为切尔诺贝利事故的辐射释放引起的。并且，辐射引起的基因异常不会遗传，对受到辐射的日本母亲和她们的孩子的研究可清楚地证明这一点（正如我们将要在第 5 章详细讨论到的）。

在切尔诺贝利，堆芯完全熔毁，而且反应堆芯中的大多数裂变产物都释放了出来。当链式反应仍在持续时，核燃料完全暴露了出来，所以，人们从直升机上把中和硼（中和硼是一种中子毒物，如此称呼，是因为它可以吸收中子，使一次链式反应终止）倾倒在它上面。在工作了 11 天之后，后来的辐射风险在很大程度上消除了，当然，在那时大量的损失已然造成。在撰写本文时，在福岛还没有途径全面接近受损反应堆。现在还无法确定福岛核电站没有进一步的自然灾害的破坏，如果我们假设情况如此，事件的危险性是逐渐减少的。事实上，随着时间推进，这一假设也更为可能。然而，出于安全考虑，同时也因为这一工作所有必要的技术并非都很完善，所以用几十年的时间来让反应堆设施关闭，循序渐进地处理，以便允许一些半衰期短的放射性核素衰变，这也是有道理的。

大气层核武器试验放射性尘降物的影响

从 1951 年到 1962 年年中，在（美国）内华达州的试验基地的大气层核武试验，向美国和其他地方的环境释放出了大量的碘-131，1963 年的部分禁止核试验条约之后进行的地下试验，使更多的碘-131 释放了出来。美国国家癌症研究所分析了核试验那些年份居住在美国大陆的大约 1 亿 7 千万美国人的碘-131 含量。国家癌症研究所关于甲状腺癌方面的发现非常重要。人们受这些试验所释放的碘-131 而患甲状腺癌的风险，取决于他们在受到辐射时的年龄大小、何时受到了辐射、居住在何处，以及更重要的是，他们喝掉多少牛奶、喝下了什么种类的牛奶等。有人喝进了 1 到 3 杯 8 盎司（1 盎司约为 29.27 毫升）的自家后院牛或羊的奶，这些牛奶或羊奶的碘-131 剂量比等量的商业牛奶高 6～16 倍。（羊奶含有最高剂量的碘-131——另一个辐射结果多样性的证据）。另一方面，一个在一岁内母乳喂养的孩子，其甲状腺所接受到的辐射剂量比商业牛奶喂养的孩子接受的剂量大约低 30%。在核试验期间小于 20 岁的孩子处于辐射诱发甲状腺癌的最高风险期，因为儿童的甲状腺比成年人聚集了更多的碘-131，因此受到的甲状腺的辐射剂量就更高。妇女患甲状腺癌的机会比同一地区的男子大 3 倍。在美国，每年大约诊断出 5 万例甲状腺癌新病例，患者通常是年龄 25 岁至 65 岁的妇女。经过治疗后，大多数人可以痊愈，每年大约只有 1500 人死亡。

在人们还不了解对甲状腺进行放射治疗的长期影响之前，在 20 世纪 40 年代和 50 年代，居住在以色列的儿童因金钱癣（ringworm，亦称环癣）接受了外部 X 射线放射治疗。这就导致了几十年后甲状腺癌和脑癌增加的风险。20 世纪 40 年代和

50 年代，一些美国儿童因胸腺肥大（错误地认为这会导致感染），或因扁桃体肥大而接受了类似的外部放射治疗，他们也患上甲状腺癌。那些为治疗霍奇金淋巴瘤，或准备骨髓移植而接受过外部放射治疗的人，在多年后也出现了甲状腺癌。

尽管甲状腺中高浓度的碘-131 能够引起如此多的危险，特意用高剂量的碘-131 有时也是有用的。医生利用放射性碘-123 或碘-131 来诊断腺甲状腺功能异常，例如甲状腺功能低下或亢进，或者来确定甲状腺结节是否在代谢方面活跃（使碘浓缩）。吸收碘-131 的结节（即热结节）与冷结节相比，不太可能是癌。对大量碘-131 的弥漫性摄取是甲状腺功能亢进的特点。如果一个甲状腺结节确定是癌（一般是在穿刺活检之后），那么除非癌已经扩散，首先要进行手术。有时候为了选择性地杀死甲状腺癌细胞，医生会用很高剂量的碘-131。

碘-131 展示出辐射诱发癌症的一个有趣悖论：多一些并不总是更糟。结果表明，低剂量的碘-131 在已经讨论过的几种背景下可引起甲状腺癌，但是非常高剂量的碘-131 几乎并不引起甲状腺癌。原因是什么呢？而这又如何符合线性无阈辐射剂量的概念呢？产生这个悖论的原因是，非常高剂量的碘-131 杀死了正常的甲状腺细胞，而已经死去的细胞不能够引发癌症。但是低剂量的辐射却能够引起正常细胞足够的突变而存活下来，并发展成为癌瘤。因此，医生通常只给非常低剂量的碘-131（正如在甲状腺吸收和扫描检查中所做的那样），或者给非常高剂量的碘-131（用于甲状腺癌治疗），但很少用中等剂量。

由于人们担心自己会受到别人传染，所以暴露于电离辐射的人有时会受到歧视。1945年原子弹爆炸幸存者的日语名词是hibakusha（日语意思是"受爆炸影响者"）。由于害怕自己或家人受到歧视，一些受爆炸影响者不愿意承认自己的情况。受爆炸影响者的孩子因为双亲受到辐射，会在寻找一个婚姻伴侣时，遇到更多困难。在戈亚尼亚事件中，事故后数周开车去里约海军医院看望家人或朋友的人公然受到了歧视。他们的汽车牌照表明他们来自何处，里约市的一些人害怕这些到访者会从戈亚尼亚带来放射性物质，因此就在他们汽车的挡风玻璃上放置了警告标示，要他们开回去，他们的汽车有的也遭到了毁坏。然而，清理切尔诺贝利的那些工作人员却得到了政府的特殊福利，并受到同行的称赞。对受到辐射的人产生的这种恐惧心理，令人不禁联想起中世纪时人们对麻风病的恐惧。麻风病是由一种细菌引起的，难从一个人身上"感染"到另一个人身上，除非是终身伴侣。但是一些被治愈的麻风病人害怕受到歧视而选择留在"聚居地"。假如我们认为害怕麻风病完全是一种中世纪心态，那么想一想艾滋病流行的最初年代吧。教训就是，不顾及科学就可能造成对别人的伤害，会产生伤害他人而最终伤害到自己的非理性行为。

有些人认为，针对癌症或辐射，政府应该负责对可能受到放射污染的民众做出筛检，但是经验证明，这样的筛检并非总是必要的或是可取的，有时还会带来无法预料的后果。1991年在苏联解体之后，一百多万人移民到以色列，有些人是从受到切尔诺贝利放射性烟云影响的地区去的。以色列卫生部讨论是否要设立一个专科门诊，对那些流亡者进行癌症筛检。鲍勃（本书作者）曾一度被征求过意见。早期癌症的筛检可能会有益处吗？

决定这种筛检是否值得做，有几个重要因素要考虑。首先，在受到辐射的人群中，癌症是否会大幅增加呢？其次，早期发现会有好处吗？（答案往往不像看起来那样显而易见。例如，考虑一下提到过的对前列腺癌和乳腺癌的争论；并参看第6章。）第三，会对被筛检的人群产生何种潜在负面作用呢？被筛检的人是否可能顺理成章地担心自己得癌症而实际上并没有患病呢？有时候这种恐惧的程度可能压过了任何潜在的早期检测的益处。以色列最终科学地选择了不采取筛检的做法。

切尔诺贝利事故

切尔诺贝利核电站的事故已经过去 25[1] 年多了。至此，我们已经讨论了接触碘-131 的儿童患甲状腺癌的问题，也讨论了核电站工作人员和应对事故的急救人员因短时间内接触高剂量辐射而带来的多种健康影响。

接下来要考虑的，是那些帮助控制辐射释放的"清理人

---

[1] 本书出版时，切尔诺贝利核电站事故已经发生 32 年了，英文原版于 2013 年出版。——编者注

员"，那些打扫的人和给周围地区清除污染的人，还有为埋葬（切尔诺贝利核电站）4号反应堆遗骸而建造混凝土石棺的人，大约共56万人。苏联国内和国际的几个组织，包括联合国和国际癌症研究所，都对这些人的癌症风险研究给予了赞助。这些研究设法追踪这些人的健康状况达25年，但是正如前文所提到过的，由于若干原因，这些研究的进展困难重重。

简而言之，首先是因为苏联解体了，因此研究人员必须与不同的国家政府和这些国家的卫生部门打交道。其次，缺少许多工作人员受辐射的精确数据。第三，很多人流离失所，从而失去联系。第四是，在事故发生前，甚至是发生后都没有可靠的癌症注册体系，这就不可能确切地知道在事故之前大多数癌症的本底数率。

尽管有各种限制，设法量化切尔诺贝利核电站事故的与辐射相关的健康后果非常重要，有以下几个原因。正如前文已经说过的，原子弹幸存者和那些受医疗干预的人，是我们取得关于碘辐射对人类影响这方面数据的主要来源。然而，这些人受到的是瞬间的高剂量辐射。而来自切尔诺贝利的数据，或可表明在很长一段时间间隔所接受的较低剂量辐射对健康造成的影响。

可以看到，最引人注目的切尔诺贝利事故的延后的影响，是儿童和青少年中的6千多例甲状腺癌，主要是通过食物链摄入大量碘-131所造成的。

但是其他癌症的情况怎么样呢？在这个问题上情况就不那么确定了。有报道称，清理人员中白血病和/或者血液系统肿瘤，如淋巴瘤（一种淋巴结癌瘤）及多发性骨髓瘤（一种骨髓癌）发病率有所增高。幸运的是，其增加的幅度很小，而且这些研究结果的有效性还有争论。一般来说，辐射剂量与这些血癌增加发病率大小之间的关系，与来自原子弹幸存者的数据相符。因为切尔诺贝利清理人员所接受的辐射剂量比广岛和长崎接受的剂量小很多，所以，引起额外癌症的数目小很多。这对受到辐射的所有人来说都是个好消息，其中包括大约 20 万已经被疏散和已经搬迁的人群，以及仍然居住在乌克兰、俄罗斯以及白俄罗斯的受污染地区的那些人。平均来说，他们所受到的辐射剂量比清理人员要低得多。白血病的小幅增长，如果有的话，也不失为一个好的消息，因为它表明在未来几十年中会有很少的实体癌瘤出现。除儿童和青少年中出现的甲状腺癌之外，切尔诺贝利事故导致的癌症风险都只会有很小幅度的增加，不到背景癌症风险的 1%。

　　了解并相信这一点，需要对这些人群受到的辐射剂量与正常辐射剂量做个对比。美国人每年大约接触 6.2 毫西弗辐射，因此，在 20 年内就会接触到 125 毫西弗。在切尔诺贝利事件中，56 万左右的清理人员接触到的平均量为 100 至 200 毫西弗，或者说是 20 年内大多数美国人所收到的辐射量。撤离的疏散人员接触的剂量是 30 毫西弗至 50 毫西弗，或者说约是 20 年美国人剂量的 1/4 到 1/2。在高剂量地面污染的土地上居住的 25 万居民接触了大约 50 毫西弗，居住在低剂量污染土地上的 500 万人接触到了 10 至 20 毫西弗。因此，当我们考虑到这些切尔诺贝利辐射的剂量时，癌症大量增加的确是不可能的。

现在，我们来对切尔诺贝利事故和广岛与长崎原子弹引起的健康危害作个比较。前文提到过，研究原子弹对健康影响的日美联合委员会在 1950 年开始收集数据，因此之前的情况并没有确切数据。不过从 1950 年或许更早一些时候开始，白血病的死亡人数则急剧增加。这种增加一直在持续，直至原子弹爆炸后的 10 至 15 年，过多白血病的病例数量才开始下降，最后达到了底线（基线）水平。

与此形成鲜明对比的是，其他几种癌症，包括胃癌、肺癌、肝癌、结肠癌、乳腺癌、胆囊癌、食道癌、膀胱癌以及卵巢癌，其患癌风险虽然增加缓慢却在后来几十年中都居高不下。增加的幅度与所受到辐射量的估算成正比。令人关注的是，并非每种类型的癌症都增加了。例如，直肠癌、胰腺癌、子宫癌、前列腺癌或肾癌等，都未检测到数量有增加。难道说这些癌症更不容易由放射性引起吗？或者是因为这些癌症的增加量过于微小，在这个规模的样本中检测不出来？两种解释皆有可能。患有与辐射相关的癌症风险最大的人，是接触到辐射时年龄最小的人。在原子弹幸存者中死于心脏疾病、肺病以及胃肠疾病的风险也有增加，但是，这种增加是否是由辐射引起的还不清楚。

尽管有这些强有力的科学数据，但是，报纸、杂志、甚至书籍，仍然描述说儿童先天畸形可能是由于切尔诺贝利事故，而且在一个例子中说，出现过三个头的牛。实际上这些说法都没有根据。

治疗辐射伤害的新手段

对切尔诺贝利事故辐射的一些受害者的治疗，是医学上的进步。为了帮助治疗救火员和事故的其他受害者，鲍勃到达莫斯科，他在加州大学洛杉矶分校的同事大卫·格尔德（David Golde）正在从事分子克隆粒细胞巨噬细胞集落刺激因子（GM-CSF，第二年在戈亚尼亚使用过）方面的研究，他指出这种仍然处于研究阶段的药物，可能有助于使受害者的骨髓恢复得更快。切尔诺贝利的这次事故也是加速这一研究的一次机会。如果骨髓不能很快复原，那么几位受害者就要因发炎和流血而死亡。鲍勃的苏联同行安德烈·瓦洛贝耶夫（Andrei Vorobiev）医生也对 GM-CSF 寄予最大希望。他们的首要任务是得到此药物的供应。如果成功了，那么接下来他们要做的工作就是，从苏联医疗部门那里得到认可。

格尔德医生和他的同事正在与瑞士巴塞尔的山德士制药公司（现属诺华制药及生物技术跨国公司）的科研人员一起研制 GM-CSF。鲍勃打电话给在这家公司的熟人安杰利卡·斯特恩（Angelika Stern）医生，要求得到足够的激素，来医治几位没有得到移植捐赠的放射性疾病受害者。斯特恩和山德士都同意了。剩下的问题就是，在政府想方设法封锁信息的这样一次危机中，如何把药物送进苏联。当时正处在冷战中，保密自然不在话下。山德士雇用了一位瑞士商人前往莫斯科，带了一个包裹，里面装满干冰，没有告诉他里面装了些什么。鲍勃和他的苏联医学同事先警告了机场保安人员说，这个包裹是医生用来给切尔诺贝利受害者治病的，不能耽搁。一切都在按计划进行。

这位商人很快通过了边境控制和海关。按照事先说好的，他给鲍勃打了电话，鲍勃取走了包裹，并直接奔向6号临床医院。6号临床医院是一家与克里姆林宫有联系的、有意成为非主流系统的医院，是生物物理研究院（现在的布尔纳江联邦医学生物物理中心）附属医院，苏联核计划的所有伤病人员都在这里住了多年。该中心的主任是安吉丽娜·古斯科娃（Angelina Guskova）和莱努伊德·依林（Lenoid Illyin）。古斯科娃是一位年轻的医生、一位治疗辐射疾病的专家，她与伊戈尔·库尔恰托夫（Igor Kurchatov）医生（是美国物理学家罗伯特·奥本海默的苏联同行）工作关系密切，库尔恰托夫主持了国家原子弹的制造，于1949年首次爆炸。（1950年库尔恰托夫为制造第一颗苏联氢弹出力，不过在1960年去世前，他主张和平利用核技术。）

从苏联当局那里得到批准使用此药物，比起将此药带进国内，要困难得多。总书记米哈伊尔·戈尔巴乔夫（Mikhail Gorbachev）和政治局成员拒绝批准使用这种药物，理由是他们不想让事故的这些受害者，为一种未经过试验的疗法去当试验品，而因此使他们自己受到谴责，而实际上临床试验在世界范围内即将开始。

鲍勃和他的苏联同行相信，使用GM-CSF不会有危险，而且大量受到辐射的动物实验，包括猴子的数据表明，此药能够迅速地改善骨髓功能。这有可能拯救一部分辐射受害者。但是，他们如何来除掉这个官僚式的障碍呢？

鲍勃提出如果不让切尔诺贝利事故受害者成为接受 GM-CSF 第一批人，那么他自己愿意试验一下。他让他的苏联同事安德烈·瓦洛贝耶夫把这种药注射到自己身体里，并说，"如果我没有死，那我们就是跨越了第一道'人为的'障碍"。瓦洛贝耶夫是医学研究院的成员，他的正式头衔是院士，比鲍勃年长一代人，他即刻同意，并且也想给自己注射此药（GM-CSF）。那天晚上，在根据猴子的数据计算了适当剂量之后，他们互相给对方注射，并同意第二天一早 8 点钟在医院会面，那时验血会表明他们的粒细胞是否有增加。如果有增加，就表明此药物可能会帮助辐射受害者。

离开医院后，鲍勃去了斯巴索大厦，这是美国驻莫斯科大使的官邸，他与美国大使阿瑟·哈特曼（Arthur Hartman）共进了晚餐。

晚宴中间，在餐桌上，鲍勃被叫去接一个紧急电话。电话另一头告诉他，"瓦洛贝耶夫院士刚刚被送到医院，病情很严重。"

鲍勃的第一个不动声色的想法就是"如果他死了，首先，这本身就十分不幸，其次是，那会使我们拯救受害者的机会付之东流"。他急忙赶到 6 号临床医院，进了房间，他看见瓦洛贝耶夫仰面躺在床上，面色苍白，说是胸痛。大家都说他是心脏病发作，心电图和血液化验却显示没有任何问题。鲍勃进一步询问了瓦洛贝耶夫并给他做了检查。得出结论是这种剧痛发生在胸骨，而不是心脏。当使用了这种激素时，骨髓中的血管收缩，把粒细胞挤出来进入血液中。骨髓中有许多神经末梢，因此这个过程可能会十分痛苦，就像瓦洛贝耶夫那样。这一情况是研究人员无法从老鼠或猴子身上了解到的。（鲍勃没有任何疼痛，但是现在用于人体后多年，此药还是经常引起胸骨剧烈疼痛，这已是众所周知的事了。）第二天上午，瓦洛贝耶夫就感觉正常了，他和鲍勃提供了血样，粒细胞的含量高多了。

可以证明，GM-CSF 对治疗辐射受害者是有用的，现在这种药以及相关的药物，用于数以万计的接受化疗的癌症病人。这种化疗对骨髓的影响，与辐射非常相似。此药也用于患有罕见骨髓遗传疾病的儿童和为患癌症的亲属捐献血液或骨髓细胞的正常人。这种办法现已成为对辐射事故受害者的标准干预。

在鲍勃和他的苏联同事所治疗的人中，26 岁的幸存者安德烈·塔莫西昂（Andrei Tarmosian）命运非常坎坷。他是一名救火员，当时他冲进了烈火炎炎的反应堆，任务是扑灭这场地狱般的大火，他被辐射严重烧伤。虽然如此，他最终康复了，回到了家里。后来他成为祖父。鲍勃在电脑里还保存着安德烈和他婴儿时期的孙子的一张照片。每年他们都写几次信，后来是每年通几次电子信件。

但是，这位救火员可谓死里逃生，死亡的阴霾却总是笼罩着他。尽管他痊愈了，但是他（错误地）认为自己最终会死于由辐射引起的癌症。他大量地喝酒，一方面是为了减轻恐惧，另一方面是因为他相信伏特加酒可以防止辐射，而这是苏联人的普遍看法。安德烈患上与辐射相关的癌症的概率很小，不过和所有男人一样，他本身患癌风险已经是45％了。2010年，鲍勃从安德烈女儿那里收到了一张迟到的圣诞贺卡，告诉他自己的父亲死于肝硬化（或许因为饮酒），享年50岁。

切尔诺贝利和福岛事故的区别

使用正常的，或者说是"轻"水的商用核反应堆有两类基本设计。第一类，用裂变铀产生的热把反应堆芯中的水烧沸，这种类型称为沸水反应堆（BWR，boiling water reactor）。第二类，进入反应堆芯的水，在高压下流出来，就像是防止水沸腾的高压锅中的水，这种称为压力水冷反应堆（PWR，pressurized water reactor）。这种过热的水把它的热能传给了反应堆芯外面的水并使其沸腾。在沸水型反应堆和压力水冷反应堆中，沸水都会产生蒸汽，人们就是用这些蒸汽使涡轮发动机转动而发电的。就此而言，它们与用煤发电的电力设施没有什么两样：煤发电是通过燃烧煤产生的热能来把水烧开并产生蒸汽。与太阳能发电也没有太大区别：太阳能发电设施利用太阳能把水烧开来产生蒸汽。这种常见的太阳能发电设施，其实是利用了另一种辐射能源，就是太阳。水力发电在某些方面也是类似的，只不过其发电机叶片是通过落水的力量，而非蒸汽来转动的。用核能发电没有什么特别的神奇之处，不同的是，单位质量核燃料（铀和钚）的能量，即他们的能量密度是碳氢化合物（例如油和煤）的成千上万倍。大多数西方商用核反应堆，是压力水冷反应堆，就像核潜艇上的反应堆一样。

商用核反应堆的一个重要因素就是缓冲剂。中子以极高的速度从铀中释放出来，这一速度太高了，难以保持一次链式反应，而缓冲剂要使之减速。所有轻水反应堆都用冷却水来使中子的速度减慢，以保持链式反应。

切尔诺贝利反应堆称为 RBMK 型反应堆（或称"大功率管道反应堆"），某些工程师认为这种反应堆存在着一种设计缺陷。RBMK 型反应堆可以用来生产武器级放射性元素钚，可能正是由于这个原因，在冷战期间 RBMK 反应堆得以发展起来。他们用石墨控制棒（石墨是一种中子吸收材料）而非冷却水来减慢中子的速度，来维持反应堆芯内的链式反应，并且像其他沸水反应堆（BWR）那样，他们利用水作为冷却剂。当 RBMK 型反应堆失去冷却剂时，反应堆芯温度升高。在这种情况下，西式反应堆因缺少缓冲剂，会使链式反应趋于缓慢，而在 RBMK 型反应堆中缓和剂石墨仍然在使中子的速度减慢，因此链式反应速度反而加快。RBMK 型反应堆中失去冷却剂的事故，就像是一辆失控汽车的司机踩了油门而不是踩刹车一样，使反应堆失控地加速。这与西式反应堆中水既是冷却剂，又是中子缓冲剂的情况相反。

日本福岛第一核电站反应堆比较新（但是并非新的），且设计得更好一些，是由通用电气公司制作的，称为马克 1 号反应堆。马克 1 号反应堆使用水，此水既是中子缓冲剂又是冷却剂。所以，发生福岛事件当中的冷却剂流失事故时，链式反应因缺少缓冲剂而降速，最终使反应堆关闭。这就像对一辆失控的汽车踩刹车，车可以慢下来，然后停住。在福岛，反应堆速度是减慢了，没有加快，但仍然不尽人意。

　　虽然也出现了一些地震的破坏，但大多数专家一致认为，严重破坏了福岛设施的原因主要是海啸而非地震。马克1号反应堆需要循环水来冷却反应堆芯，这便需要电，电可以来自该设施的涡轮式发电机，也可以来自通过高压电缆连接的地区电力网。如果这些电源出现故障，那么该设施的柴油发电机就会发挥作用，开始发电。

　　地震使福岛第一核电站的发电瘫痪，也使所有输电网络瘫痪。然后，柴油发电机启动，开始给水泵供电。然而，最后的打击降临了。来自海啸的一道非常高的水墙（约14米高），淹没了柴油发电机导致其关闭。此时，反应堆面临着风险。虽然链式反应已经终止，但是来自堆芯中裂变产物的辐射，继续释放出足够的能量。其情形就像是该反应堆仍然在以7%的全功率在运作着。由于没有循环水除去热量，反应堆温度过高，就发生了氢气爆炸。反应堆设计者和紧急预案策划者是否应该预料到有如此量级的海啸波浪发生，并把柴油发电机的地址选在较高海拔，或者筑一道更高一些的防波堤来挡住海啸（或者两件事都去做），对此是有争议的。核反应堆应该在海洋边建造吗？很多反应堆是建在河流旁边的，这种地方不存在波浪的问题。然而，与切尔诺贝利核事故之后所发生的情况相比，海洋对于释放出来的放射性物质实际上是相对安全的。

对于这个事故来说，雪上加霜的是，在 2012 年 7 月，福岛核事故独立调查委员会作出结论说，如果适当的安全指导方针和政府措施跟上的话，这场灾难可能会避免。该报告把这场灾难的责任直接归于东京电力公司、政府以及监管部门之间的串通合谋。该委员会总结说，他们"背叛了国民避免核事故而得到安全的权利"，还说，东京电力公司"把持着与监管部门之间的亲密关系，使监管条款不起作用"。

引述福岛核电事故独立调查委员会员长黑川清（Kiyoshi Kurokawa）在报告的引言中所说的话，"这是一场令人深思的人为灾难，一场能够而且应该预见到的、能防止的灾难""还有，这种影响本来可以通过更有效的人性反应来减缓"。并非大家都认可这些结论。

没有严格遵守安全操作的规章使核能的潜在益处受到削弱，且危及到公众安全。这同样适用于任何来源的电力生产。然而，来自一个核动力设施事故的长期影响和花费，比其他任何电力设施都要大。不过，划定一个放射性污染隔离区比依靠外国石油带来的经济和政治的影响，或处理碳氢化合物对全球气候变化的危害更容易些。

第4章
辐射与癌症

辐射如何引起癌症?

　　辐射是如何引起癌症的,不能用某一件事去解释。遗传倾向可能起到某种作用,但是更主要的因素是无法预料的,我们称之为随机性。当电离辐射经过细胞时,它们把一个分子或一个原子变成了一个离子。这些情况,有些发生在细胞核中,有些发生在细胞的脱氧核糖核酸(DNA)中。大多数 DNA 并不是基因编码。直到最近,人们才发现,DNA 更像是无功能性基因的一个集合体(无功能性的基因有时称为"无用 DNA"),这些无用 DNA 只是提供了空间,或者重复基因序列,或者只是在进化过程中从病毒、微生物这些东西中所获得的碎屑而已。如今,人们认为至少有 400 万基因在其中交换,这些基因能够影响细胞和其他组织的行为。在这一片大量的 DNA 中,不到 1% 是为蛋白编码的基因。

　　设想一下,把 DNA 当成是一根线绳,基因附着于这根线绳上,就像珍珠串在一条项链上那样。如果电离作用发生在这根线绳的没有珍珠（基因）存在的某个部分，可能就没有重要事情发生（除非线绳折断了）。即使是在这串项链的珍珠，或者说是有基因存在的那个部分出现了离子化，这也许并不要紧，原因是，基因是由重要的外显子和不重要的内含子组成的。另一种情况是，离子化灾难性地破坏了一个基因的关键部分，使细胞死亡。对于细胞来说这是不幸的，然而，对我们来说这是幸运的：一个已经死亡的细胞不能引起癌症。不过，在非常罕见且随机的情况下，穿过一个细胞的辐射在一个重要基因或调控序列的一个关键部分引起了一次非致命的电离，这个调控序列本身，或与其他基因或表观基因（遗传）事件结合在一起，导致了癌症。细胞 DNA 出现了改变的这种事件，称为突变。DNA 突变，是一切或者几乎是一切癌症的源头。辐射并不是引起 DNA 突变唯一的原因，但却是一个重要原因。

　　要充分地解释癌症是如何引起的，则需要一些复杂的生物学知识和庞大的数字。某种物质将会引起癌症的概率，十分像是一种难以想象的小飞镖游戏，这种游戏，只有在命中靶心时才得分。10 亿个细胞质量为一克（0.03 盎司），因此一千克（2.2 磅）就有 1 万亿个细胞，一般 50 岁的美国或者欧洲男子的体重大约是 200 磅（即 90 千克），故，其体内大约有 90 万亿个细胞。即使是在普通显微镜下面观测，几乎每个细胞都包含有 10 英尺的看不见的螺旋 DNA。这些 10 英尺的东西是由大约 23000 个基因组成的。

　　当有人接触到辐射时，X 射线、伽马射线、电子、阿尔法粒子或质子，就经过这 10 英尺的螺旋 DNA。但是，与一个存在 DNA 的细胞核相比，这些波和粒子极小（实际上，并没有大小尺寸）。一个中子的大小，约是 1 英尺的 30 万亿分之一。一个飞镖的尖端大约是 1 英尺的 3 万分之 1。那么在我们的比喻中，代表细胞的棒球会比一个普通棒球大 3 万亿倍。现在设想一下，这个超级棒球充满了紧缠的、长长的、草坪上使用的浇水软管。飞镖射中软管上一个特定的 1 英尺的"基因"的可能性，小之又小。这个辐射飞镖，必须直接命中一个将会引起一种具体变化从而导致癌症的目标。然而这种情况频繁发生，每年导致数百万人死亡。

钋-210、氡-222 以及癌症

吸烟导致癌症的一种方式，就是把放射性物质送到了肺部。吸烟使吸烟者面临世界上最常见的 5 种导致死亡的风险，即心脏病、血管疾病、癌症、肺气肿和肺炎。更糟的是，婴儿猝死综合征和早产在吸烟者的孩子中也更常见。每年全世界有 540 万与吸烟有关的死亡，其中 130 万死于肺癌。大约每年有 443000 美国人死于与吸烟有关的疾病，其中约有 50000 人是死于被动吸烟（二手烟）的非吸烟者。（每年全世界被动吸烟的死亡人数大约是 60 万人。）

吸烟者比不吸烟的人平均少活 13 年。每 10 例由肺癌导致的死亡中，有 8 例肺癌是由吸烟引起的。然而，在 130 年以前，一位发现了某人患有肺癌的医生，会感到这个发现很罕

见，值得在医学文献中发表。到 1889 年，世界上只有 140 例
肺癌病例报告。当年出版的广泛使用的《默克医疗手册》❶
(Merck Manual)，列出吸烟是支气管炎和哮喘病的可能的治
疗方法。直到 1912 年才有人建议说吸烟会引起癌症。

　　吸烟到底让人体发生了什么呢？据世界卫生组织的国际癌
症研究机构，烟草的烟雾中大约有 5％的烟碱（烟草中的尼古
丁）和 95％的气体，含有 4000 种以上化学成分不同的化合
物。其中至少已知有 60 种会在动物中引起癌症，11 种会对人
体致癌，包括砷、苯、镭-222 和钍。但是总而言之，使吸烟
更加不健康的，并不是烟草中的什么成分，而是烟草上面的东
西：肥料。

　　用来种植烟草和许多其他植物的肥料含有丰富的化学物
质，其中有镭-226 及其衰变产物，还有钋-210。任何在有铀-
238 的土地上生长的，或者借助于这类肥料而生长的植物，都
会从铀-238 衰变产物中获得放射性核素，包括聚集在叶子中
的镭-226。菠菜或西兰花就是有这样的情况。这并不一定就有
危险性。进入人体内的钋-210，大约 3/4 来自吃进去的食物，
其中 50％～90％都从人的汗水和粪便中排泄掉了，但是余者
就留在了体内，并通过血液在全身循环。吸烟者血液中的钋-
210 比不吸烟者多 30％。

---

❶ 《默克医疗手册》是为满足一般大众对医学知识不断增长的需要，由默克
制药公司出版的医学参考书，由医学专家用通俗易懂的语言撰写，涵盖范围广泛
的医疗相关课题，包括疾病、测试、诊断和药物。这些手册最初是以书本形式发
行，现已转化为网上的多媒体格式，包括音频、三维模型和动画。——译者注

当一个人点燃一支香烟，并吸进一口烟的时候，烟卷中间红色余烬那部分的温度大约是 1500 华氏度（800～900 摄氏度）。这就使钋-210 呈烟雾状散开，接着，钋-210 就被直接吸入支气管和肺部。卷烟的滤嘴就起不到什么作用了，滤嘴仅能使钋-210 的吸入降低 5％以下。也就是说，菠菜或西兰花叶子上面的钋-210 并没有危险性，除非因种种原因您想把它们当烟来吸，因而使其成烟雾状散开并吸入。抽烟在某种程度上，就好像有意地将一枚微小的核武器吸进自己的肺部一样。

从 20 世纪 60 年代起，香烟生产商就已经知道烟草中含有钋-210。

钋-210 如果出现在身体中不应该出现的部位，即使是存在的量极其微小，也可能会是致命的（它比氰化物的毒性高25 万倍）。钋-210 的致命剂量为 0.1 微克——1 克的千万分之一，或者说，比一片雪花重量的百万分之一还要小。它曾经被用作杀人武器。亚历山大·利特维年科（Alexander Litvinenko）是苏联安全局的一名前官员。2006 年 11 月，当时居住在伦敦的亚历山大神秘地病倒，并在 3 周之后身亡。尸检表明是钋-210 急性辐射中毒。在某种程度上，这就是早期的一起核恐怖主义案例，或者至少说是核暗杀。这当然是第一桩记录在案的用钋-210 杀人的事件。直到利特维年科身亡后，医生才明白了发生的事，因为大多数强放射性核素释放出的是容易被检测到的伽马射线，与此不同的是，钋-210 释放阿尔法粒子，这种粒子不能穿透人的皮肤，甚至不能穿透一张纸。因此，在他体外的辐射探测器上显示的是正常读数。阿尔法粒子一旦进入人体，就会给细胞造成极大破坏和死亡。近来有未经证实的说法称，亚瑟·阿拉法特（Yassir Arafat）也可能死于钋-210中毒。

如果钋-210如此危险，而且吸烟能够引起肺癌，那为什么吸烟者中只有一部分人患肺癌呢？虽然在某些人中遗传因素可能起作用，但就DNA突变这种罕见事件来说，有一种明显的随机性。不过，这样一种事件的概率，很明显与通过肺部细胞的辐射量有关。这样就解释了为什么一个人吸多少烟（有来自钋-210的不断增加的辐射量）会与肺癌之间有相关性。这也解释了为什么不是每个吸烟者都患肺癌：即随机性。不过，男性吸烟者与非吸烟者相比较，患肺癌的概率大出20倍。对于妇女来说这种比率大约是13倍。一个人吸烟越多，他越有可能患肺癌。就是这么回事。要记住，钋-210并非吸烟者患肺癌的唯一原因，却是一个重要原因。相同的因素或许也适用于因接触氡-222而导致的肺癌。

说到这里，又让我们想起那个飞镖的比喻了。通过细胞的射线或者粒子越多，细胞就越容易发生能够致癌的突变。就像所有的癌症，只需要发生一次就可致命，这种突变，从世界范围来说，每年都使100万人丧命。

预计寿命损失表

吸烟	6 年
体重过重	2 年
饮酒	1 年
意外事故	207 天

续表

自然灾害	7 天
辐射（3 毫西弗）	15 天

10 万分之 1 的死亡概率

吸烟	14 支香烟
饮食	25 杯花生酱
度过	20 天在纽约
开车	在车中行驶 375 英里
乘飞机	在飞机中飞行 25000 英里
划独木舟	1 小时
接触放射性	0.2 毫西弗

锶-90 与肉瘤[1]

相信自己的感觉，这是人类的本性。如果我们的手离火太近，感到太热时就会自然地猛地把手抽开。如果我们从悬崖峭壁往下看，我们就会向后退。辐射这个话题令人感到十分不安，造成过分恐惧的一个原因就是，我们不能以自己的感官来察觉它。我们触摸不到它，感觉不到它，甚至看不见它（我们

---

[1] 在医学上，起源于上皮组织的恶性肿瘤称为癌，起源于间叶组织的恶性肿瘤称为肉瘤。生活中，人们用"癌"泛指所有恶性肿瘤。原文作者在此处特指肉瘤。——编者注

不能察觉到大多数电磁波谱，我们所能看见的一切，都是可见光，可见光只是电磁波谱的很小一部分），而且，我们有可能接触到一个大的剂量，却不知不觉。还有，很多人把核动力看得比化石燃料更危险，就像与死于车祸相比，更害怕死于空难一样。每年普通美国人死于飞机事故的风险是 200 万分之一，而死于汽车事故的风险则是 8000 分之一。按绝对值来计算，这可以转换为平均死亡概率，大约是 140（飞机事故）比 37000（汽车）。然而，与死于车祸相比，大部分人似乎更害怕死于坠机，原因有二。其一是可预见性：坠机死亡多半是无法预测的，而车祸死亡，虽然是随机性的，但却有一种合理的可预测的风险。人们不喜欢不可预测性（虽然很少有人花时间来预测自己的死亡）。第二个原因与一次事故的死亡人数有关。当一架飞机坠毁时，300 人可能瞬间死亡。但是，在一次致命的车祸中，通常只有一两个人死亡。只要想一下，在某种情况下出现大量死亡，人们就会感到不安。最后结果如何呢：很多人害怕乘飞机，不认为开车去机场有什么危险。实际情况是，等到达机场时，自己的大部分风险都已经过去。

我们可以利用以下的例子来看一看使用核能与化石燃料发电的问题。与核动力辐射有关的，未预测到的死亡只发生过一次（切尔诺贝利），但是对大多数人来说，这比用化石燃料发电的大规模、但是可预测的死亡更可怕。如果你不经意地站在一处暴露的辐射源面前，你并不会知道自己正在受到辐射，除非你受到 1000 毫西弗到 2000 毫西弗的剂量。该剂量约是在没有采取医疗措施的情况下，能引起死亡的剂量的 1/3。我们在处理小剂量辐射时，通常不可能知道自己受到辐射。例如，美国人每年的平均总辐射剂量为 6.2 毫西弗。即使你一年受到100 倍以上的辐射，例如 620 毫西弗，你会永远都不知道，而且，即使你在瞬间受到这样的量，你也并不知道。这一情况的关键是，我们通常无法识别自己受到了多少辐射量。身体受到高剂量辐射的唯一可见的部分是皮肤，它会因高剂量辐射而变红，但除了太阳晒，还有很多原因会导致皮肤变红，如吃了过多的辣椒酱，这就使皮肤的变化对接触辐射的测量不那么可靠了。

辐射接触的测量是很有难度的，而 1959 年出现了一个有意思的例外。圣路易斯市❶的医生路易丝·雷斯（Louise Reiss）确信，来自大气层核试验的放射性沉降物，已经进入了美国的食物供应中，并最终出现在了人们的骨骼和牙齿中。她想到了一种简单的，而且不会带来任何伤害的方式来验证这一假设，即研究儿童正常脱落的乳牙中所含的辐射量。雷斯与她的同行，就像科学方面的牙仙子❷一般，走访了圣路易斯地区的几百所学校、童子军、基督教青年会、基督教堂、犹太教堂，去索要乳牙牙齿，并为儿童分发小包用来邮寄牙齿。之后，儿童们会收到一枚纽扣，上面写道："我为科学捐出了牙齿。"于是，成千上万颗牙齿送到了雷斯的家中，常有多达 30位妇女志愿者来把它们分类放在小桌上。最早的儿童牙齿中积

---

❶ 美国密苏里州东部城市。——译者注
❷ 欧美传说中的一个收集儿童乳牙的仙子。——译者注

累的锶-90 的数据，发表在 1961 年 11 月的《科学》杂志上。

十多年来，雷斯与她的丈夫埃里克（Eric，他也是医生）以及华盛顿大学和圣路易斯大学的科学家收集了大约 32000 颗乳牙。雷斯与她的同事表明，1963 年出生于圣路易斯市儿童的牙齿中的锶-90，比出生于只有几次大气核试验进行时的 1950 年的儿童高出 50 倍。那么，这个水平的危险程度又如何呢？

锶在自然状态下是一种柔软、有光泽、银灰色的金属，暴露在空气中之后，便迅速变成微黄色。锶是在 1787 年苏格兰斯特郎申村的铅矿中发现的，在地球上最常见的元素中排位第十四。锶在烟火中产生红色火焰，可用于制作信号火焰，而且在世界的一些地方，人们认为食物中的锶是利于健康的，例如在中国，一瓶矿泉水的广告标签上标着高剂量的锶。锶-88 是这种元素的稳定的、无放射性的形式。但是，当一件核武器或一处核反应堆中的铀-235 裂变时，锶-90，即锶-88 的一种放射性形式（与大约 200 种其他裂变产物一起）便产生了。

锶-90 有益处也有危险。把它加进心脏血管的支架中，可以阻碍周围组织的生长，防止这些组织进入并封闭支架。锶-90 还用来治疗翼状胬肉，即组织（结膜）的一种非癌性增生，这种组织会压迫眼的白色部分（即巩膜），这种病变可能是由紫外辐射引起的。由于锶-90 在衰变时产生大量的热，这些热能够转变为电，因此锶-90 可作为核电站的能源；或者，在一个孤立地区，例如，数月不见阳光、没有太阳能发电的南极洲，成为一座灯塔的能源；或者成为海洋中海岸警卫队航标的能源。锶-90 还用来为航程超出太阳能电池寿命的宇宙飞船提供动力，或者为因离太阳太远而无法获取太阳能的飞船提供动力，如 2008 年发射的前往土星与土星附近探索的卡西尼冬至使命号飞船，这项"使命"将要持续到 2017 年以后。

有人对于向太空发射一种具有放射性的装置感到担忧。实际上，太空已经具有放射性，而且是一切天然辐射的最初来源。他们还不放心一件事：如果一枚携带锶-90 的火箭在发射期间发生爆炸会出现什么事。过去曾有大气层核武试验释放的放射性核素，在这种情况下，那些少量的锶-90 便无足轻重了。还有，我们在第 8 章将要谈到，海洋中含有大量天然的和人为的辐射，水中存在少量锶-90 是无关紧要的。至于火箭重新返回，它很可能会燃烧殆尽，或落入大洋中无尽的海水里而不留痕迹地消失。

身体会从水和奶制品中吸收锶-90，因为身体对它有回应，以为它是钙，所以，其中没有从尿液和粪便中排泄出去的70％左右，就留在了牙齿和骨骼中，这会在骨骼里面或骨骼周边引起癌症。

锶-90 的半衰期差不多是 30 年，所以，我们摄入的锶-90有可能在身体（或残骸）中保持 300 年左右。更糟糕的是，锶-90 的生物半衰期是 49 年。如果某个人在 1 岁时摄入一个剂量的锶-90，那么在 70 岁离世时，此人身体里大约还有 1/4 他所吃进去的锶-90。

1963 年，埃里克·莱斯（Eric Reiss）医生在美国参议院委员会作证支持批准苏、英、美之间的禁止大气层核武器试验的条约。在 1945 年和 1963 年期间，美国进行了 206 次大气层武器试验，在内华达试验场和太平洋的马绍尔群岛的试验数量差不多各占一半；苏联进行了 216 次试验；英国在西澳大利亚进行过 7 次试验。锶-90 对儿童健康的潜在有害影响的证据迫使约翰·肯尼迪（John F. Kennedy）总统于 1963 年 8 月签署了部分禁止核试验条约。（法国在阿尔及利亚和法属玻利尼西亚的大气层中爆炸过 49 枚核装置，而且继续进行大气层核试验，直至 1974 年为止。中国在 1980 年进行了最后一次核试验。）

但是，对圣路易斯（St. Louis）的儿童以及所有那些在数百英里或数千英里外顺风方向（总的来说是在内华达试验场以东）的人来说，锶-90 的这种积累实际上意味着什么呢？这个确切的结果仍然在讨论之中，但是看起来其影响不是很大。莱斯数据明确的结果是，它有助于阻止大气层核试验。

肉瘤——骨肉瘤、软骨肉瘤、肌肉肉瘤以及关节肉瘤，是辐射性癌症，虽然辐射仅仅是几种可能的原因之一。辐射性肉瘤是由像锶-90 那样的某种亲骨性放射性核素引起的，如果吸入或摄入这类核素，它们就沉积在骨骼中。通常用来治疗另一种癌症的外部大剂量辐射，也能够引起肉瘤。如果有人用辐射来治疗一种癌症，10 年至 20 年后就可能在辐射部位发展成为肉瘤，在这种情况下肉瘤很可能是辐射导致的。

最安全的假设就是，所有种类的癌症都可能由辐射引起或促成。这种看法的根据是，虽然流行病学方面研究有时无能为力，并不意味着这种因果关系不存在。然而，不同种类的癌症对于电离辐射有着不同的敏感性。例如，白血病与骨癌相比，更容易因辐射而产生。大多数其他癌症介于这两个极端之间。

总而言之，一般来说，由于辐射而增加的癌症的种类，是通常出现在一个人群中的那些癌症种类。正如第2章中所提到的，慢性淋巴细胞性白血病在日本很罕见，而且它的发病率在原子弹幸存者中未见增加，而通常出现在日本人身上的其他种类癌症有增加。一般情况下患甲状腺癌的妇女比男子多，在切尔诺贝利事故中受到辐射的人群中女孩患甲状腺癌者多于男孩。

在原子弹幸存者中，大多数辐射诱发乳腺癌的病例，是在受到辐射时还都年轻的妇女中检测到的。切尔诺贝利事故发生后，受到碘-131辐射的年轻人情况同样如此。有些估计表明，新生儿对碘-131诱发癌症的易感程度是成年人的10至30倍。

这些数据指的是电离辐射，记住这一点很重要。有关非电离辐射（如微波、手机等产生的辐射）与癌症增加的风险的数据并不令人信服。而且，找不到经过验证的生物机制，来说明非电离辐射可能引起癌症。对于过度使用手机是否会引起脑瘤这件事，出现了广泛的激烈争论。尽管使用手机的人数大大增加，但是在过去20年里，脑瘤的死亡并没有增加。尽管有些科学家说得出这种结论可能为时尚早，但非电离辐射会引起癌症似乎不太可能。（详情见207页"问与答"）

紫外辐射与皮肤癌

与其他皮肤癌相比，黑色素瘤不那么常见，它在所有皮肤癌病例中不到 5％，但是却占皮肤癌死亡病例的 70％。黑色素瘤是黑色素细胞的一种癌。黑色素细胞是产生黑色素的细胞，使皮肤产生颜色。虽然黑色素细胞存在于皮肤中，但它们其实是神经细胞的一种形式。黑色素细胞也存在于眼睛、靠近大脑的覆盖层、心脏、骨骼、黏膜和胃肠道。因此，黑色素瘤会出现在除皮肤以外的部位。日光浴形成的黝黑皮肤就是紫外线 B（UVB）辐射刺激黑色素细胞，产生黑色素的结果，皮肤产生黑色素为的是保护皮肤深层避免来自太阳（有时是来自日光浴灯）的紫外线 B 对 DNA 造成伤害。黑色素细胞产生了黑色素之后，色素被送到称作角质细胞的皮肤细胞。角质细胞寿命很短，大约是 4 天，而黑色素细胞能活很多年，也许可以活人的整个一生。如果停止接触阳光，人就会较快地失去黝黑肤色，这是因为含有黑色素的角质细胞脱落了，而黑色素细胞产生的黑色素也减少了。（在美容院做过日光浴之后，最好不要做面部磨砂，就是这个原因。其实，你可以考虑二者都不要做。）

在所有细胞都健康的情况下，黑色素细胞的增长受到严格的规范，因此，在一个人的一生中，其数量保持相对恒定。然而，如果黑色素细胞中的 DNA 受到紫外线辐射，或受到某种环境因素的或遗传因素的破坏，或二者兼有，那么细胞的生长或可能失去节制。这种无节制的生长，就导致了癌症，在此种情况下就是黑色素瘤。黑色素瘤对妇女来说 40 岁前比男子更普遍，男子则在 40 岁之后较多。黑色素瘤在欧洲人中更为普遍，尤其是凯尔特族人。白人比居住在同一地区、并受到等量的紫外线 B 照射的黑人，患黑色素瘤的可能性多出 10 倍至 20 倍，因为黑人有较多黑色素，来保护自己的黑色素细胞不受紫外线 B 的诱发突变。如果黑人出现了黑色素瘤，往往是出现在皮肤颜色浅的地方，如手掌和脚底。黑色素瘤在亚洲人和拉美裔，包括欧洲血统的西班牙裔中不常见，其原因不详。所有人皮肤中的黑色素细胞相差无几，但是产生黑色素的数量却不同，并且有如此大的区别，这些差异让人觉得蛮有趣味的。由于黑色素的作用是吸收紫外线 B 辐射，保护 DNA 不发生突变，这就是紫外线 B 引起黑色素瘤的充分证据。然而，这种看法不能解释为什么肤色较深的、年长的男性比女性黑色素瘤的发病率高许多。（或许是因为他们更有可能在室外工作，接触紫外线 B 机会更多?）色素也不能完全解释亚洲人与黑人和拉美人一样，比白人的黑色素瘤发病率低。

全世界大约每年诊断出 200000 例黑色素瘤病例，主要是在气候晴朗的地方——澳大利亚、拉美、新西兰和北美。据世界卫生组织估计，全世界每年大约有 65000 例与黑色素瘤相关的死亡。

在过去几十年中，黑色素瘤病例以惊人的速度增加，在年轻女性中增加多达 800％，在年轻男性中是 400％。有些科学家推测说，人们曾经并不认为晒黑是种时尚，但是到了 20 世纪，原来的看法已时过境迁，现在 50 多岁、60 多岁还有 70 多岁的人，年轻时都充分地晒过太阳。有一个理论就是，可可·香奈儿❶让偏暗色皮肤的模特走秀，引发了晒黑皮肤的狂热。原因如何且不去管它，而晒黑，这个总是农民或其他室外做活的工人的标志，突然间在有些社会中变得时尚起来。（但是在大多数亚洲国家中却不然。在仲夏晴朗的日子里，往往会看到东京和北京的妇女们打着伞，还戴着手套。）

　　在阳光充足的地方居住的人们，涂上厚厚的防晒霜，自以为得到了保护而不会患黑色素瘤。除非他们一出生就开始使用防晒霜，否则，在预防方面，他们做得并不够，虽然他们是明智地在保护自己避免其他皮肤癌和皮肤损害。1985 年和 1992 年的两项研究表明，一个人患上黑色素瘤的可能性，一般在年龄很小的时就决定了。一般来说，人们从黑色素瘤发病率低的地区，搬到发病率高的地区（即阳光充足的地区），他们的黑色素瘤发病率，低于那些出生在阳光明媚地区的人。搬到澳大利亚和新西兰的（那里的人口主要是英国后裔，因此，类似的遗传性状可以进行比较）那些在英国出生并长大的人，黑色素瘤死亡率大约是出生在阳光充足的气候环境中的人的一半。那些在 10 岁或不到 10 岁就搬到此地的人则例外，他们患黑色素瘤的情况与出生于阳光更充足的国家中的人一致。在后半生中，他们同样易受引起黑色素瘤的日光的伤害。

---

　　❶　Coco Chanel，即加布里埃·香奈儿（Gabrielle Bonheur Chanel），20 世纪早期的法国时装设计师，香奈儿品牌创始人。——译者注

在 20 世纪 50 年代和 60 年代长大的美国人认为，在皮肤上涂满婴儿润肤油，是晒黑的好办法，就这样在身上涂满油来放大紫外线的作用（并扩大了因紫外线造成的损害）。此后，证实了对紫外线的最好做法应该是，穿长袖衣服、戴宽檐帽子，这样来避免阳光直接晒到皮肤上。如果使用得当，遮光剂❶和防晒霜是有效的，但是 2009 年《消费者调查报告》的一项民意调查表明，31％的美国人从来不使用防晒霜，而且只有 50％的人经常使用。美国儿科学会 2012 年的一项调查说，只有 25％的儿童经常使用防晒霜。遮光剂，例如氧化锌和二氧化钛都能实实在在地阻挡紫外线 A 和紫外线 B，但是它们在脸上清晰可见，厚实油腻，而且从美容角度说，大多数人难以接受。防晒霜以化学的方式过滤，并减少皮肤的紫外线渗透，上面标示有 SPF，即防晒指数，范围从 2 到 50 以上。SPF 15 的意思是，如果你不涂抹防晒霜，相比之下，在晒伤之前你可以在阳光下多待 15 倍的时间，不过这些数字并不成比例。一种标有 SPF 2 的防晒霜可吸收 50％紫外线辐射，标有 SPF 15 的可吸收 93％，标有 SPF 34 的可吸收 97％。

　　紫外线辐射之所以有此称呼，是因为其颜色接近人眼睛对紫色的感知。紫外线辐射主要来自太阳，但也可以来自某些人造来源，例如日光浴灯和电弧焊接装置。紫外线辐射波长比可见光短（能量更多），但波长比 X 射线长。大多数紫外线辐射

---

　　❶　原文为 sunblocks，中国也翻译为防晒霜，以物理遮挡达到防晒目的，为区分，翻译为遮光剂。——编者注

缺少足够能量来引起电离，因此，归类为非电离性的。这与到目前为止我们讨论过的辐射形式形成了对照。然而，有些紫外线辐射具有足够的能量来改变化学键，即那种把原子结合在一起的力。这种能量，就是它们致癌症能力的基础（提示：罕见的高频紫外线辐射在适当情况下可引起电离）。

紫外线辐射有三种：近紫外线（UVA）、中紫外线（UVB）和远紫外线（UVC）。近紫外线（UVA）无处不在，它能够渗透到皮肤中，并改变皮肤细胞和其支撑结构，即胶原蛋白。其结果就是导致衰老和癌症。中紫外线（UVB）波具有更多能量来改变化学键，但是在它们通过地球大气层时，大多数都被吸收了。它们与患黑色素瘤的风险密切相关。远紫外线（UVC）波最具活力。幸运的是，几乎所有的远紫外线（UVC）波都在大气层中被吸收了。

太阳的辐射是用其波长来测量的，而且与所有的辐射一样，波长越短，引起生物和化学变化的能力就越大。我们能够看见的光的颜色，以能量从小到大的顺序来排列，就是：红，橙，黄，绿，蓝，紫——波长范围从 700 纳米到大约 400 纳米。

红外辐射（即辐射低于波长较长、强度较低的可见光谱的红端，因而伤害程度较小，这些光的波长范围在 700 纳米与 995 纳米之间）是一位英国出生的天文学家兼作曲家弗里德里希·威廉·赫歇尔爵士（Sir Frederick William Herschel，1738—1822 年）于 1800 年发现的，他因发现天王星和天王星的两个主要月亮——天卫四（Oberon）和天卫三（Titania）

以及土星的两个月亮而赢得了更大的荣誉。赫歇尔的红外辐射被称为"热射线"。第二年，一位对极向自然力有着持久兴趣的德国科学家兼哲学家约翰·威廉·里特（Johann Wilhelm Ritter，1776—1810 年）在寻找与赫歇尔的发现截然相反的、较冷的一端时，发现了比可见光谱波长较短的紫色一端波长更短的辐射，即紫外辐射（波长 100 纳米至 400 纳米）。

除了黑色素瘤之外，皮肤癌的种类有基底细胞癌和鳞状细胞癌。如果一个人有着白皙的皮肤，一双浅色眸子，而且，如果这个人有雀斑、易晒黑，那么此人患这类癌症的风险，比没有这些特点的人风险要大。一般来说，皮肤癌出现在最容易接触到阳光的部位。阳光的大约 95% 的光线为近紫外线（UVA），因为它无处不在，因此是最主要的晒黑射线。中紫外线（UVB）的光更强，但是不如近紫外线（UVA）普遍，它们是日光晒黑、皮肤发红的主因，当然也是黑色素瘤的主因，海拔越高这些射线就越强，因为穿过大气层时，会削弱中紫外线（UVB）的强度。在水中、冰中和雪中这些射线也更强，因为它们把 80% 的中紫外线（UVB）反射出来。近紫外线（UVA）是使皮肤老化和起皱纹的主因，可是一直到 1990 年左右，科学家还认为近紫外线（UVA）对皮肤表层即表皮的损伤较小，大多数皮肤癌会出现在此处。然而如今，有大量证据表明，在其他的环境和遗传因素影响下，近紫外线（UVA）能够促成皮肤癌，并可以直接造成损害，这种损害会导致基底细胞癌和鳞状细胞癌。日光浴场所发射出的近紫外线（UVA）大约是太阳的 12 倍，它已经被一些卫生部门，包括世界卫生组织，宣布为致癌物。

波长小于大约 290 纳米的太阳光线几乎从来不会到达地球表面，因为它们被大气层吸收了，但是少量的中紫外线（UVB，290 纳米至 320 纳米）会到达地面。即使中紫外线（UVB）代表着少于太阳释放出的全部能量的 1％，但是它与近紫外线（UVA）相比，引起人晒伤和引起实验室动物皮肤癌的可能性要大 3 至 4 倍。中紫外线（UVB）的部分益处是，它可以帮助身体合成维生素 D，维生素 D 对调节人体很多系统是必不可少的，尤其是在老骨被新骨取代过程中的骨骼重建时。它还能够防止佝偻病的产生，佝偻病就是缺乏维生素 D、缺钙或缺乏磷酸盐而引起的骨质软化。现在，佝偻病主要出现在不发达国家中营养缺乏的人身上，以及城市里足不出户的黑色皮肤的人群中。

基底细胞癌在美国是最常见的癌症，在全世界欧洲血统的人中最常见。大约每年新病例的增长率是 10％。可以在年轻人中发生，但是在 40 岁以上的人中最常见。开始是出现在表皮上——通常是暴露在阳光下，或者是暴露在其他紫外线辐射（UV）下的任何皮肤，包括头皮。一般是慢慢地扩散，并不向其他器官扩散。如果没有被发现并以冰冻或切除来处理的话，那么最终它会很快地生长，而且可能需要放射治疗。如果一个基底细胞瘤没有除掉而生长的时间过长，那么，由于大量的组织必须被切除，所以可能会造成毁容。据世界卫生组织估计，在美国每年大约有 280 万（世界上有 1000 万）病例被诊断出来，不过在 1000 人中，仅有 1 人会死亡。

鳞状细胞癌有可能出现在正常皮肤上，也可能出现在受过伤的或发炎的皮肤上。大多数皮肤癌出现在经常暴露于阳光下的或者暴露于其他紫外辐射的皮肤上。皮肤鳞状细胞癌的最初形式称为博文氏病（或称作原位鳞状细胞癌）。这类癌不向附近的组织传播。皮肤鳞状细胞癌比基底细胞传播得更快，但生长仍是缓慢的。它在美国年度癌症死亡中不到1％。

在有大量阳光照射的地方，光化性角化病会（actinic keratosis，actinic 在希腊语中是"光线"的意思）产生干燥、扁平的脆硬皮肤块。这是皮肤癌前病变，它很少变成鳞状细胞癌。

虽然对大多数人来说，对紫外线最大的担心是晒伤，患有着色性干皮病（xeroderma pigmentosum，以下简称XP），一种遗传疾病的儿童的确是遇到麻烦了，这种疾病就是，身体不能修复紫外光造成的伤害。XP影响到约1百万美国人（日本人患此病的可能性为美国的6倍）。患XP的人比常人患皮肤癌的风险约大5000倍。

所有的生命形式，都进化出适应环境的保护机制。如果在进化过程中，人类的身体没有形成一种酶代谢途径来修复紫外线引起的基因损伤（横向交叉连接），那么人类就根本不能在阳光下存活。我们就这样地生活着，因为我们已经形成了一种保护自己不患皮肤癌的机制，至少在大多数情况下是如此。这种保护的其中一个原因是，臭氧层吸收了地球表层15英里到80英里以上大气层的大多数紫外线。然而，因为人类使用排放氧化氮气体的氮肥以及其他的人为原因，包括燃烧化石燃料还有大气层核武器试验等，那个保护层逐渐地被消耗尽了。在20世纪70年代，人们发现，主要用于制冷剂和助燃剂的氯氟烃化合物中的氯原子，会吸收大量的臭氧。随着臭氧层缩小，人类受到的威胁将会增加，包括出现更多的皮肤癌，因为会有更多的中紫外线（UVB）经过同温层。

虽然近紫外线（UVA）对大多数人来说可能是一种危险，但是，它们对患有牛皮癣的人来说却有很大益处。牛皮癣是一种皮肤病，有时伴随关节炎出现，关节炎处皮肤变红变厚，有银白色的块，呈鳞屑状斑而剥落。那并不是癌症，是免疫系统对看起来是新皮肤细胞侵入体内的反应的结果。通常，皮肤细胞生长在皮肤深处，然后，在一个月左右升至表面。牛皮癣加速了这个过程，引起死亡细胞在表皮积累起来。一种治疗方法是将从补骨脂素（在植物中发现的一种感光化学物质）中合成的一种染料给牛皮癣患者注射，其会在有病变的皮肤中积累。当皮肤暴露在近紫外线（UVA）射线中时，补骨脂素便与牛皮癣细胞中的 DNA 交叉链接，并把它们杀死。

从某种意义上说，辐射促成了人们有不同皮肤色素沉着。假如所有的人都有一个始于非洲（对此，可以争论）的共同祖先，那么，为什么人们的皮肤颜色有着如此大的差异呢？赤道地区的人肤色较深的遗传原因是，气候有助于水果和浆果的生长，水果和浆果与充足的阳光一道，共同提供了大量的维生素D。研究表明，皮肤癌的发病率与纬度呈负相关。随着人类迁离赤道，前往那些更适合种植谷物粮食的地方时，晒太阳变成了获取维生素D的唯一来源，越往北走，或越往南走，季节性黑暗的时间就越长，所能提供的维生素 D 的量就越少。由于浅色皮肤比深色皮肤吸收的中紫外线（UVB）更多，失去皮肤颜色意味着能够获取更多的阳光来产生维生素 D。人们向两极迁移得越近，自然选择也就越倾向于浅肤色，而在强烈日照的地方则更倾向于较深肤色了。

第5章
遗传疾病、出生缺陷与辐照食品

遗传疾病与出生缺陷

在人们心中，对生殖组织（卵巢和睾丸）的辐射伤害会传给自己的子女的担心根深蒂固。正如前述所提到的，在切尔诺贝利和三里岛核电站事故后，曾出现过三个头的牛和怪诞异常的儿童。这些异常被人们归因于事故释放出的辐射。

在深入探讨这个复杂且有争议的问题之前，需要定义两个术语，这两个术语有时候会有词意重叠，而且不同的人用法有不同，这两个词就是：遗传疾病和出生缺陷。遗传疾病或称基因疾病，是由某个人的、遗传自父母一方或双方的 DNA 的异常所引起。在遗传学中，这种反常称为突变。突变的遗传特性是关键。例如，癌症的特点是一个人 DNA 中的突变，但是，这些突变一般发生在出生后，而且只在癌细胞中出现，并不出现在这个人的正常细胞中。一位有遗传疾病的人，对于显性突变，突变一般存在于父母亲的一方的全部细胞中；对于隐性突变，突变一般存在于父母双方的全部细胞中。然而，在有些病例中，突变只在父母亲一方的生殖细胞中，而不会出现在父亲或母亲身体中的其他细胞中。还有一种很少发生的情况是，卵子受精后，在胚胎发育的早期阶段，发生了突变。这些突变会在孩子身体中所有的细胞中存在，而且在孩子生育时会传给后代（除非这种突变引起不育）。人类中的某些遗传异常是由间接影响 DNA 的机制造成的，这种变化称为表观遗传，涉及 DNA 表达的修正或 DNA 的功能，病因一般是不涉及基因本身的过程。表观遗传的异常会引起或促成遗传疾病（还会促成出生缺陷）。

　　几乎所有的癌症都有出生后发生的 DNA 突变，但并不遗传。因此，虽然癌症的发展基础为一个或多个 DNA 的突变，但是一般来说并不把癌症称为遗传疾病。不过，也有例外。在新发现的癌症中，与家族遗传有关的癌症占到 5％到 10％。一个例子就是有遗传性的、家族性的乳腺癌伴随着乳腺癌易感基因 1（BRCA1）和乳腺癌易感基因 2（BRCA2）的基因突变。因为这些癌症是基因性的，而且有遗传性，因此 DNA 突变存在于妇女身体的每个细胞中，不仅仅是存在于癌细胞中。两种常见的结肠（直肠）癌形式，即加德纳和林奇综合征，也是遗传性基因疾病。在第 119 页，我们讨论了着色性干皮病，一种由紫外辐射引起的、在切除和修复 DNA 突变时有缺陷的皮肤癌高风险遗传疾病。根据定义，遗传疾病的情况是，尽管它们或许没有已显现的症状，但是在出生时就存在，所以新生儿看上去是正常的。因为遗传疾病能够代代相传，在进化过程中它们具有特殊意义。

出生缺陷不同于遗传疾病。出生缺陷的表现是，出生时或出生后很快就发现有异常。这些缺陷可能是遗传性的，也可能不是。例如，在出生期间（分娩过程中）的身体创伤会造成某些出生缺陷，但是这并未改变孩子的 DNA。大多数出生缺陷是不遗传的（不会传给孩子的孩子），虽然有例外。DNA 突变出现于减数分裂（通过细胞分裂而产生精子和卵子的过程）期间，就是一个例子。出生缺陷可能是基因导致的或是环境因素造成的，或甚至二者皆有而造成的；遗传性出生缺陷就是由 DNA 突变造成的。通常是，包裹在细胞核中的一个染色体里的 DNA 受到影响，但是，有时候是线粒体（是从母亲那里继承的亚细胞结构，含有某些细胞的 DNA，对产生能量很重要）中的 DNA 发生了突变。染色体数目的变化也很重要。比如，唐氏综合征患者多出来一个 21 号染色体，而患有特纳氏综合征（先天性卵巢发育不全）的女孩子缺少一个 X 染色体。有些出生缺陷是因为接触了对胎儿有害的物质，如酒、烟与特殊种类的抗生素、抗癌药物、精神治疗药物、抗痉挛剂以及激素等。像汞和铅这样来自环境中的有害物，也会引起出生缺陷。在胚胎或胎儿中造成畸形的物质被称为畸胎原，众所周知的一个例子就是沙利度胺（又名反应停、酞咪哌啶酮）。其他的畸胎原有病毒（例如风疹）和微生物（例如梅毒）。妊娠或分娩时的并发症造成的对胎儿的伤害也可看作是出生缺陷。某些出生缺陷的表观原因与遗传性的和非遗传性的原因相互作用。高剂量的电离辐射也会引起出生缺陷，但是大多数出生缺陷的原因是未知的。找寻遗传原因包括调查详细的家族史，而且往往要做广泛的 DNA 测试。通过了解病史，或排除其他原因之后，环境方面的原因可能才显露出来。

可惜的是，出生缺陷十分常见；大约 3％的儿童出生时有一种或多种缺陷。另有 2％至 7％的儿童，与出生有关联的异常在数月或数年后才发现。加起来，估计有 5％至 10％的出生婴儿是具有出生缺陷的。有这样的高本底比率，很难或者不可能把出生缺陷归因于某一种具体的原因，除非有对照组与之相比较。

正如在第 82 页所讨论过的，广岛和长崎的原子弹爆炸使大约 3000 名怀孕妇女和她们的胎儿暴露于电离辐射。据统计，在子宫内处于怀孕中期接触了辐射的 30 个儿童，脑袋小，有轻度到中度的精神痴呆。这一结果通常的解释是，在妊娠中期有一个过程是体内其他部位的神经细胞向胎儿大脑迁移，辐射对这一过程造成不利影响。受影响最大的孩子，是在接受了大约 1000 毫西弗辐射的那些母亲子宫中的孩子（对胎儿辐射的剂量比对母亲辐射的剂量略少一些，因为胎儿被子宫屏蔽了一些辐射）。受到低于 300 毫西弗辐射的母亲出生的孩子查不出有发育异常。子宫内受到辐射而发育迟缓的孩子，头部往往比正常的大小要小一些。多年后，磁共振成像显示，他们大脑中的神经元迁移到了错误的地方，结果形成不正常的大脑结构。在母亲受到原子弹辐射时，小于 8 周和大于 25 周的胎儿，未见有发育异常。

受原子弹辐射的双亲所生育的孩子是否会有遗传异常，确定这一点也很重要。幸运的是，这个答案看来是否定的。对这些孩子细胞里的遗传标记的广泛分析表明，没有 DNA 突变增加的比率，而且，相比于未受到辐射的父母生育的孩子，受到辐射的父母所生的孩子的癌症或其他死因没有增加。对父母受到原子弹辐射的 77000 名儿童的进一步研究表明，出生缺陷（先天畸形）、死胎、癌症或其他死因并没有增加。对 12000 名原子弹幸存儿童在他们的平均年龄达到 50 岁时的研究表明，高血压、糖尿病、心脏病和中风没有增加的风险。

那么，如何解释在切尔诺贝利和三里岛事故之后增加的出生缺陷方面的报告呢？福岛事故之后的情况又会是怎样？先说一说切尔诺贝利。对动物和人的出生缺陷报告，没有考虑出生缺陷的高本底比率——5％～10％。因为有这个高本底比率，比较一下受辐射的人群与未受辐射、或受到较少辐射人群的出生缺陷比率，是至关重要的。在切尔诺贝利事故之后，没有做过这种研究。

在评估出生缺陷有增加的报告时，还有一个考虑就是确认偏倚性：往往是，人们越怕找到什么，就越是会找到什么，尤其是在有灾难发生的时候。想一想日常生活中的经历便知。某人买了一辆大众捷达车，然后，他突然就发现好像每个人都在开捷达车。在对一个人群密切注意时，会比不密切注意时发现的出生缺陷多。这仅仅是人的本性，人们也有着寻找原因的本能，尤其是对突发的不良事件。对于在 1987 年出生于乌克兰的一个有出生缺陷的孩子来说，父母把此归因于切尔诺贝利事故也许是正常的（但从科学上说是不正确的）。不过，如果考虑到在原子弹幸存者中与出生缺陷相关的高辐射剂量（大于

300 毫西弗），以及对动物和人的辐射研究的其他数据，那么，切尔诺贝利事故释放的辐射直接促成出生缺陷，就是很不可能的了。对于居住在日本的人来说，这是一条再好不过的消息了，对于他们来说，福岛所释放的辐射造成的任何影响，都是极不可能的了。

　　然而，其他形式的辐射会对胎儿有影响。在 1953 年至 1956 年期间，英国谢菲尔德皇家医院的一位医生埃利斯·斯图尔特（Alice Stewart）发现，子宫内的孩子暴露于 X 射线时，孩子患白血病数量有增加，当时利用 X 射线通常是为了确定母亲骨盆中的胎位，或者，是为了确定怀孕是否为双胞胎。斯图尔特的发现，使得世界范围内怀孕妇女、婴儿和幼童的 X 射线检查受到限制。不过，斯图尔特的某些结论是有争议的。

　　有些人声称发现了遗传疾病，包括因职业受到辐射的那些人的孩子们所患的癌症。塞拉菲尔德核电站（原卡尔德霍），是英国第一个核电站，于 1956 年开始使用；一项调查称，核电站男性工作人员的孩子患白血病和淋巴瘤的风险增加了。这种结果并没有再现，也没有被广泛接受。很难想象这些数据是正确的，因为精子的寿命非常短。这些短寿命的精子之中的一个必定要在短期的间隔内，从低剂量辐射中获得一个或一个以上的基因突变，然后在几百万个精子中碰巧有一个这样的精子使卵子受精怀孕；否则，就一定是在产生精子的睾丸中的生殖细胞内发生了突变。而这两种情况可能性都是极小的。我们之前讨论过，受到原子弹辐射的日本父亲所生的孩子，包括那些受辐射剂量远高于核电设施中受到任何剂量辐射的人所生的孩子，都没有癌症增加的风险。因此，职业性的辐射接触会导致某个生殖细胞发生突变的看法，是不可能的。第三个很小的可能性是，低剂量辐射引起了塞尔托利氏细胞的突变，塞尔托利氏细胞对发育中的精子起着培育作用。因为塞尔托利氏细胞并不影响精子的基因组成，塞尔托利氏细胞中的突变对精子细胞的任何影响，必须是表观性的。这看起来又显得牵强附会了。这些考虑的总结就是，所报道的塞拉菲尔德核电站的男性工作人员的后代增加的癌症风险，可能是统计学上的巧合，或者是在大量人口移居到塞拉菲尔德地区，参加核电站建设并在那里工作时，所带进来的罕见感染的结果。

　　恐怖电影的其中一个主题就是，接触辐射泄漏将会在人类的种族中引起不可逆转的基因变化。然而，基于所讨论过的数据，这种情况的发生可能性不大。尽管会使诸多恐怖电影迷失望，但冒此风险，我们必须指出，这些电影毫无根据地增加了对辐射的恐惧。原因如下。

　　从 1910 年至 1927 年，托马斯·亨特·摩根（Thomas Hunt Morgan，1866—1945 年）和他的同事卡尔文·布里奇斯（Calvin Bridges，1889—1938 年）、阿尔弗雷德·斯特蒂文特（Alfred Henry Sturtevant，1891—1970 年）以及赫尔曼·约瑟夫·马勒（Hermann Joseph Muller，1890—1967 年）在哥伦比亚大学对常见的果蝇做了在遗传学方面的开创性研究。他们让果蝇接触 X 射线，来弄明白辐射是否会引起突变。虽然他们发现很多单一的基因变化实例，但是那些变化从来不是

永久性的。一只无眼果蝇可能繁殖了几代，但是后代就会恢复
到正常的两只眼的果蝇。有显著变化的果蝇往往过早死亡，或
者不能繁殖。最有趣的是，没有突变是有益处的；他们对几千
代果蝇的突变作了观察，突变对果蝇既没有明显的影响，也没
有造成损害。创世论者使用这些数据来怀疑进化理论，认为该
数据是智慧设计论的证明。一个更可能的解释就是，经过了千
千万万代的果蝇，发展到了一种最佳状态，在这种情况下，再
出现的突变从统计学上来说都不太可能有益处。如果果蝇带有
对新开发的杀虫剂耐药的一种基因突变，当然就是一个例外，
然而，这并没有人测试过。这一结论可能也适用于人。据估
计，每 10 万个基因中会出现一个 DNA 突变。由于人类有
23000 个基因，我们或可能预期每四个精子和卵子就包含一个
突变的基因，然而，在人的新生儿中，医学上重要基因的突变
的概率十分低，或者说是低得多，而且并不是所有的突变都恰
好在 DNA 中。也许，如同果蝇一样，人类是经历了最优的进
化而来的。（希望人类还会变得更好吧。）

　　有些科学家认为癌症是物种形成的一个过程，在这个过程
中，一个癌细胞和其后代力争在人体内变为一个新的物种。这
种过程类似于地球上扭曲的进化形式。人类纵有成千上万个基
因，但是只要在一个基因中有突变，就会引起癌症（虽然大部
分癌细胞有多种突变）。当你在显微镜下观察研究癌细胞的染
色体时，你往往会看见染色体的反常结构或染色体数目不正
常。这很怪，因为对于 23000 个基因来说，一个或两个或者甚
至 10 个基因发生突变，都会小到看不见。（利用灵敏度比较高

的技术就可以检测到，例如对 DNA 进行排序，这种方法目前在技术上是可以做得到的。）如果一种癌是从 DNA 突变发展而来，那么这个细胞的后代肯定要继承亲代细胞的突变。这个细胞的后代能够一直继承亲代细胞的突变，达到这一点的最大的可能性是这一突变改变了染色体的结构、数目或结构、数目都被改变。

人类与其他生物有许多共同的基因（即使不是大多数）。例如，人与果蝇有 70％相同的基因，与黑猩猩有 98％～99％相同的基因。是染色体的数目，而非基因的数目，把人与其他物种区别开来（有些原始生物的基因和染色体多于人的基因和染色体，例如斑马鱼）。可用原子序数作类比。原子核中的质子数目决定了这种元素是什么，而中子的数目可以不同，因此同种元素可以有不同的同位素、不同的原子质量。所以，22对染色体加上 2 个 X 染色体（即女性），或加上一个 X 和一个 Y 染色体（即男性），共 46 个，就是这个数目，给人下了定义。对比之下，黑猩猩有 48 个染色体，这确定了它们是黑猩猩而非人类。当然，这些规则也有例外，如，患唐氏综合征的儿童多出一个 21 号染色体（所以有 47 个染色体），患有特纳综合征的女孩失去了自己 X 染色体中的一个，因此有 45 个染色体。可以把这些儿童看成是人类的同位素。这个规则还是存在的：人有 46 个染色体，黑猩猩有 48 个。因为人与黑猩猩有 98％～99％的基因相同，在人类个体间巨大的多样性，肯定来自人类自身的不到 1％的基因，甚至可能少于 0.1％。这真是令人叹为观止！表观遗传特征或许也能对这种多样性的某些方面做出解释。

当癌细胞中的染色体结构或数目发生改变时，可以在某些方面把这个细胞当作是一个新的物种。在人类的癌症中，半数以上的概率会有这种情况发生，因此，这不可能是偶然发生的。于是，问题就来了：为什么染色体的结构和/或者数目的变化在癌症中那么常见呢？染色体结构和数目的变化在什么地方还会有呢？答案就在于物种之间的区别。有人可能就合理地得出结论说，癌症是在患者身体内出现的一种不同的物种，而且其生物学含义就是物种的进化。在一个物种的基础上，突然又有了一个新物种——爬行动物能够突然间飞了起来（鸟类来自爬行动物），这有可能是只由一个或几个基因突变生产的结果，但这个过程可能会复杂得多。

把一个物种间的物种进化与自然选择区分开来很重要。我们来看一看俾格米人和苏丹的个子非常高的尼罗河部落的居民吧。某个人的个头是高一些还是矮一些，是自然选择的结果，可能是逐渐发展起来的，因为是矮一些还是高一些，在不同环境中可能会有利。如果个子矮，他在低垂枝叶的森林树木下面就能跑得快，以躲避天敌；如果个子高，有比较长的腿，那么在野外就跑得快。但是，高个子和矮个子都是智人（homo sapiens，现代人的学名），两种人都各有 46 个染色体。这是一个物种内的变异，而非一个物种的进化。

回到辐射接触这个问题上，辐射也能够对细胞的染色体造成结构或数值的变化。科学家可以通过这些变化来确定辐射事故的受害者所接触的剂量。这被称为生物剂量测定法。这些染色体结构上的变化（遗传学中称为重新排列）和数目的变化，是因为电离辐射趋向于折断 DNA 双链螺旋的两股螺旋。这些双链断裂能够造成易位，即因辐射而断裂的染色体的两个部分阴差阳错地连接起来。另一个可能就是，双着丝粒染色体，即两套相同的染色体在各自都失去了一小部分之后，结合为一体。这种不正确的重新组合，会改变染色体的数目。举个例子，如果两个染色体在失去两小块儿后融合成一个双着丝粒染色体，那么这个细胞就会有 45 个染色体，而不是 46 个染色体。

　　我们的生命都是从一个细胞开始的，这个细胞由一个精子与一个卵子融合形成，我们所有的器官和细胞都源自于这一个细胞。这个细胞称为全能干细胞（toti-potent stem cell），因为它能够使每个组织、器官和细胞在身体中产生（"toti"这个词表示无限潜能）。全能干细胞是否在成年人体内继续存在，此事仍存在着争议。在后期发育中，有些全能干细胞成长为多潜能干细胞（pluri-potent stem cells，此处"pluri"意指多，但非全部潜能）。至于这些多潜能干细胞能发育成何种器官、组织与细胞，那是有限制的。进一步发育下去就是多功能干细胞（multi-potent stem cells，"multi-potent"意思是多潜力），它变成其他细胞的能力更少。这个过程，终止于定向干细胞（committed stem cells），定向干细胞能够不可逆转地发展成为一种特定的细胞类型，比如一个心脏细胞或者肝脏细胞。此处我们要关注的是在我们的骨髓中发现的多潜能干细胞、多功能干细胞及定向干细胞。这些细胞产生我们为生存所需要的成熟血细胞，包括红细胞、白细胞以及巨核细胞（巨核细胞成长为血小板，血小板有助于止血）。

给一只老鼠一个剂量的辐射，把它所有的骨髓干细胞全部杀死，这是可能的。几天内，或是几个星期内，这只老鼠将会死于感染和出血，因为骨髓不能产生老鼠存活所需的成熟血细胞。幸好，可以通过把别的老鼠的骨髓干细胞移植给它，来拯救这只受到辐射的老鼠。接受了移植的老鼠能够完全恢复，靠的是捐赠老鼠的骨髓。如果受到辐射的老鼠是雄性的，而捐赠老鼠为雌性老鼠，那么在这种情况下，受辐射的老鼠的骨髓与血细胞就会是雌性的，而皮肤细胞仍然是雄性的。有趣的是，用一个 RNA 病毒（一种像艾滋病毒这样的逆转录酶病毒）做基因标记，就有可能发现，受辐射老鼠的骨髓恢复只来自一个或者几个细胞。这些细胞就是多功能干细胞。

因为我们的血液细胞生命十分短暂——红细胞是 120 天、血小板是 10 天（不是真正的细胞，而是部分细胞）、粒细胞为几个小时或者几日，因此在我们的一生中，骨髓需要每天产生 30 亿个细胞。要做到这些，我们的骨髓依靠一个从干细胞开始的放大系统。而且干细胞必须能够伴随我们的一生，因为如果它们消耗殆尽，那么我们就会死去。

我们生活在一个充满放射性的环境中。结果就是，我们的骨髓干细胞一直处于因辐射而发生突变的风险中。因此，在生命进化过程中的重要一步就是保护骨髓干细胞以防背景辐射。从突变的角度看，宇宙和地面辐射是对生命最大的威胁。在地球几十亿年前的早期阶段，这种辐射比今天强大得多，最早的生物必须承受这些辐射程度。

　　生命或许起源于水，水是免受宇宙和地面辐射侵害的屏障。（在核能设施中，水用来保护工作人员不受乏燃料棒的辐射。）这种屏蔽作用可能影响了地球上生命的进化。看一看青蛙吧。水会为生活在水下的青蛙屏蔽宇宙和地面辐射，因此，它的造血干细胞在身体什么地方并没有什么关系，因为其身体并不需要保护它们免受辐射。青蛙的造血细胞有可能在肝脏里面，有可能在脾脏里面，或者在肾脏里面。随着进化，青蛙在陆地上待的时间多了，就没有水来保护造血干细胞不受宇宙和地面辐射，于是这些造血干细胞便处于突变的风险中。当青蛙变成完全陆生之后，情况变得更加糟糕，因为造血干细胞不再受到水的保护，这样，突变的风险就加大了。

　　保护造血干细胞免受宇宙射线和地面辐射的一个好办法，是把它们置于一块骨头中。骨骼是钙的一种形式，称为羟基磷灰石，它是屏蔽辐射的一种很好的方式。这种阻挡辐射的能力，就是骨骼在 X 射线下显出白色（不透明）的原因——X射线很难穿透它们。人的大多数骨骼都是中空的，人的骨髓细胞存在于人的骨盆、肋骨和脊柱的骨髓腔里，因此人的造血干细胞也在这些位置。从结构的角度来看，实心的骨骼可能比中空的骨骼更好些，因为这样可以有更大的强度，然而，从辐射防护的角度来看，中空的骨骼更好。鱼类一生都生活在水下，它们具有实心骨骼，它们的造血干细胞在肾脏中。这些信息表明，在人类与其他生物进化的过程中，宇宙和地面辐射可能起了很重要的作用。我们可能想弄明白，为什么生活在水里的鲸鱼和海豚的骨髓干细胞会在骨腔中。原因就是它们祖先来自于陆地。

然而，数据到此而止步。可以这样说，生殖细胞与造血细胞同样重要，而且可能更重要。因此，如果造血干细胞在骨内受到保护，那么，人们不是应该认为人的睾丸和卵巢也会在骨骼内受到保护吗？就我们所知，并非如此。（请把中空骨骼与骨髓的概念当作一种假设，而非一个事实。）

辐照食品有危险吗？

很难拿出一个世界范围的食物中毒发生率的数字，但是世界卫生组织估计每年有 20 亿以上的病例发生，估计有 2 百万人死于像伤寒和霍乱这样的胃肠道感染，其中很多感染的源头是食物和水中的细菌。据美国疾病控制和预防中心统计，在美国，食物中的细菌每年造成大约 4800 万食物中毒病例。大约 13 万人因食物带来的疾病住院，近 3 千人因吃了受细菌污染的食物而死亡，例如大肠杆菌、沙门氏菌和李斯特菌。

不过，很多人说自己宁愿接触这些细菌，也不愿意吃下辐射照射过的食品。这种担心主要源于受辐照食品会具有放射性这种误解。用来辐照食品的伽马或 X 射线源从来不会与食物直接接触，因此，这些食物并不会因为这些射线而具有放射性，也不会有额外的辐射能。（通常所有的食物都是具有辐射能的。）用伽马射线处理过的食物根本不可能具有放射性，就像是你的牙齿接受过口腔 X 光之后，不可能具有放射性一样。（让食物暴露于中子辐射，从而激活钠-24，就可以使食物具有放射性，但是中子从未用于食品辐照。）

美国疾病控制和预防中心说，由食源性病原菌所产生的全部疾病中的 90%，仅是由已知的 31 种中的 7 种引起的：沙门氏菌、诺罗病毒、弯曲杆菌、弓形虫、大肠杆菌 O157∶H7、李斯特菌以及梭菌。正如用巴氏法为乳制品消毒、高压烹饪罐头食品杀死细菌（处理得当时）一样，把食品暴露于电离辐射能够杀死细菌和寄生虫，不然的话可能使人生病。（商业罐头食品不能保证是安全的，1971 年，有人吃了受污染的奶油土豆浓汤，死于肉毒杆菌中毒。）无论电离辐射是来自钴-60 或铯-137 释放的伽马射线，还是来自电子束，还是来自 X 射线，电离辐射的高能量，都打破了细菌和其他微生物生长所需要的化学键，使之无法繁殖从而无法引起食物变质或使人生病。这使食物保鲜的时间更长。辐照食品是宇航员在太空中的主食。我们所喝的很多品牌的瓶装水，都是经过紫外辐射来消毒的。

加工食品的每一道工序，包括在收获后有几个小时在室温下进行储存，都会导致食品丢失一些维生素。而相比之下，利用辐射消毒造成的损失（如果有损失的话）十分微小，是觉察不到的，或者说是无关紧要的。因此，用高剂量的辐射来延长保存期的方法并没有比烹饪或冷冻对食品营养价值有更大的损害。

反对食品辐照的团体指出，伽马射线改变了食物的分子结构，形成了称为自由基的带电粒子，自由基与食物中的分子相互作用，然后组成像 DNA 突变一样的"辐解产物"。尤其令人担心的是，辐照会引起肉类中苯的含量增加。当然，苯的含量足够大时就成为致癌物，不过，在很多食物中，以及水与空气中，已经有少量苯存在。其实，普通牛奶比经过辐照的肉类含有的苯更多。当你在给汽车加油（汽油中含有少量的苯）或在交通拥挤时站在纽约或开罗繁忙的街角，你也会接触大量额外剂量的苯。

要保持心明眼亮，就一定要牢记所有的食品处理都会引起化学变化。把食物冰冻起来，可能产生"冷冻物质"。烹饪比辐照造成的变化更多——经过烹饪的食物的滋味是通过加热带来的化学变化引起的。烧烤肉排时，肉排会与木炭这种碳氢化合物相互作用，会在肉排表面产生很多众所周知的致癌物，也会使地球变暖。

美国医学会对食品辐照的政策是"在符合国家规定的情况下，食品辐照是一种安全有效的提高食品安全的过程"。美国食品和药物管理局、世界卫生组织、国际原子能机构以及许多国家的科学机构都确认了食品辐照的安全性。辐照食品在 50多个国家是允许的，但附有各种不同特殊规定。例如，欧盟只允许辐照调味品，而巴西允许所有的食品辐照。美国食品和药物管理局批准了很多食品的辐照，此外还批准了使用辐照控制食品的发芽（如洋葱、胡萝卜、土豆和大蒜等），推迟香蕉、芒果、木瓜以及其他营养水果和蔬菜的成熟，杀死小麦、土豆、面粉、调料、茶叶、水果以及蔬菜的昆虫。美国食品和药物管理局还批准了对猪肉的辐照，来控制旋毛虫病，及根除鸡肉、火鸡肉与其他新鲜的与冰冻的、未经烹煮过的家禽肉中的沙门氏菌和其他有害细菌。

食品辐照有潜力拯救数百万生命，而不是伤害生命，特别是它很可能是无害的。在发生大多数食品中毒病例的发展中国家，它尤为重要。

第 6 章
辐射与医疗

乳房 X 光检查

乳腺癌是全世界女性最常见的癌症。据世界卫生组织报告，2008 年大约有 458000 人死于乳腺癌，在女性的全部癌症死亡中约占 14％。在美国，每年有 18 万左右乳腺癌新病例，约 4 万人死亡。乳腺癌是美国女性癌症死亡中的第二大死因，仅次于肺癌（在 2000 年之前，乳腺癌是女性癌症死亡的主因，之后女性吸烟的影响使肺癌成为癌症死亡的主因，女性吸烟于 20 世纪 20 年代普遍起来，吸烟人数在之后几十年间继续增加，使得女性的肺癌死亡人数与男性相差无几）。美国癌症协会估计，一位正常寿命的女性在一生中患乳腺癌的概率是 10％～15％，这一概率取决于民族、家族史、第一次怀孕时的年龄、母乳喂养情况、饮酒情况以及其他因素。有些女性——约有 5％，有乳腺癌遗传基因风险，就是那些有乳腺癌易感基因 1（BRCA1）和乳腺癌易感基因 2（BRCA2）的女性，她们患乳腺癌的可能性为 80％。（男性也能患乳腺癌，不过比女性的发病率低 100 倍。)

　　患乳腺癌的女性的存活率，与癌症扩散的程度以及其他因素有关，例如癌细胞是否对雌激素和孕激素有反应，以及她们是否有某种特定基因异常等。女性的乳腺癌小，而且仍在乳房里面（或可能在局部淋巴结），治愈可能性就大；乳房中癌块大，或已经扩散到乳房以外和许多淋巴结，治愈可能性就小。这种相关性的主要原因极为简单：只长在乳房内的癌通过手术就可治愈（可能需要也可能不需要其他治疗，如放疗），而转移癌通常是无法治愈的。不过这种相关性的另一个原因是生物性的。有些乳腺癌在生长之后很快就扩散到乳房之外，往往是在它们能够被检测到之前，而其他癌瘤，尽管在增大，却留在乳房内很长一段时间。后者比前者的预后本身就好得多。在美国有 250 万以上乳腺癌患者被治愈。

　　且不管这些复杂的考虑，由于早期发现乳腺癌能够增加痊愈的可能性、减少高强度治疗的使用，因此人们在乳腺癌的早期检测或筛选方面，作出了相当大的努力。而且因为乳腺癌十分常见，这就涉及到数百万女性。

　　乳房 X 光检查是唯一一种针对乳腺癌的筛查，已被证明可以减少乳腺癌死亡率。（乳房自我检查的有效性存在争议。）每年大约有 4 千万美国妇女做乳房 X 光检查，希望一旦有乳腺癌能够尽早发现。当然，她们更希望的是没有发现异常。

　　乳房 X 光检查使用低能 X 射线检测乳腺组织异常。乳房 X 光检查的全部剂量约为 0.2～0.4 毫西弗，大约是一个妇女受到的平均年度背景辐射剂量的十分之一。乳房 X 光检查的放射剂量极低，不会造成实质性的个人风险；然而，与任何电离辐射一样，如果多次接触（至少在理论上）可能造成或者增加癌症的风险。某些带有乳腺癌遗传异常而容易患乳腺癌的女性，以及已经有乳腺癌高风险（例如具有乳癌易感基因 2）的女性，如果接受了胸部 X 光或乳房 X 光检查，似乎患乳腺癌的风险会增加。

作出任何医学筛查程序的决定，包括乳房 X 光检查，都要对潜在益处与风险做一个小心翼翼的评估才好。因而，女性为早期发现乳腺癌，应该什么年龄开始每年一次的，或每年两次的乳房 X 光检查，以及应该在什么年龄停止检测。在这些问题上存在着激烈争议。

正如前面所讨论过的，接触高剂量电离辐射可引起乳腺癌、白血病以及其他癌症。在原子弹幸存者中，乳腺癌就是最有可能因电离辐射引起的癌症之一。辐射会导致或促成乳腺癌的发展，这在那些受到辐射时年龄尚轻的女性中可能性最大，这种风险随着年龄增大而降低。非常低的辐射剂量（如，与乳房 X 光检查差不多的剂量）是否能够引起乳腺癌和白血病，对此存在着争议。大多数科学和监管机构还有科学家都认为，为保护大众，应该假定，即使是最小的辐射剂量也能够潜在地引起癌症。其他人则不以为然，其中有些人则强烈反对这一观点。

于是，如何作出建议，就成了一个摆在我们面前的复杂的决策。女性开始做乳房 X 光检查的年龄越早，因放射性接触而患乳腺癌、其他癌症或白血病的可能性也就越大。但是，矛盾的是，那些（因遗传易感性或因明显的家族史）患乳腺癌风险最大的女性，即最有可能受益于乳房 X 光检查的女性，也更有可能因低剂量辐射而罹患乳腺癌。

这个复杂的考量的底线是，用乳房 X 光检查可以在癌症没有扩散前的早期发现乳腺癌，这可以拯救生命，或减少某些女性所需要的治疗次数，她们可能只需接受手术和局部放射性治疗，而不用做抗癌化疗或激素治疗。有 15％到 20％或许更多的乳腺癌死亡，是可以通过乳房 X 光检查而避免的。因此，这个问题并非"对"或"不对"，而是"何时"与"多长时间一次"。

在这个问题上，争议屡屡不止。美国预防服务工作组和疾病防治中心建议，没有乳腺癌风险因素的、在 50 岁至 74 岁的妇女，每两年做一次乳房 X 光检查。而美国国家癌症研究所、美国癌症协会以及若干其他专业组织则建议，从 40 岁开始应每年都做乳房 X 光检查，只要健康状况良好就继续做。美国预防服务工作组的一项分析指出，从 40 岁开始筛检比从 50 岁开始筛检，大约能拯救 5％以上的生命。但是这其中包含着更多的不准确性，而且最终导致错误的诊断。（除乳腺癌以外，还有其他因素可能导致乳房 X 光检查出现异常。这种结果称作假阳性。）虽然最终做出了正确的诊断，但是假阳性乳房 X 光摄影检查却会在身体上、精神上以及经济上带来了相当大的损失。有些女性需要一而再、再而三地做活体组织检查；还有些人产生了会患上乳腺癌的一种，也许是非理性的、有时却是无法控制的恐惧。还有，每年一次检查，在乳腺癌死亡的减少方面，或与每两年一次的检查类似，不过假阳性乳腺癌诊断少一些。近来，美国有几个州颁布了条例，要求医生对有致密性乳腺的妇女提出忠告，告诉他们乳房 X 光检查或不足以发现乳腺癌，需要做进一步的检查，如超声和磁共振成像。问题是，我们缺乏可信的数据证明，这些检查对于大多数有致密乳腺的女性有什么额外好处。这是政治对科学的一种干扰。

电离辐射对乳腺癌起着一种复杂的作用。电离辐射能够引起乳腺癌，电离辐射能够用来早期诊断出乳腺癌，又能用来治疗乳腺癌并拯救生命。从放射生物学的角度看，筛查性乳房 X 光检查不失为获利（乳腺癌早期诊断）大于潜在风险（接触电离辐射）的一个好例子。

肺癌筛查

肺癌是世界上男性和女性最常见的死亡原因，2012 年在美国估计有 25 万个病例，其中死亡人数为 16 万 5 千人。大多数肺癌是在晚期时被诊断出来的，此阶段是不可能治愈的，甚至不能再进行有效的治疗。由于这种高死亡率（此病被诊断出之后，平均存活时间不足一年），早期诊断引起了相当的关注。肺癌与乳腺癌的情况非常不同。虽然肺癌常见，但并非每个人都有风险；不吸烟的美国男子一生中患肺癌的风险少于 1%，而且女性的风险更低。不过对于男性来说，大量吸烟的人一生中患肺癌的概率大于 25%，因此，肺癌的筛检最好是针对高风险的吸烟者（或曾经吸过烟的人），而非像乳腺癌那样针对同一性别的所有人。

以前的肺癌筛查方法，使用常规胸部 X 光片检查和异常细胞的唾液样本分析。结果令人失望，而且没有令人信服的数据来说明这些措施拯救了生命。近来，一种特殊的影像学技术———一种低剂量的胸部螺旋 CT 扫描，作为一种肺癌筛检技术，在高风险人群中进行了试验。试验对象是烟龄超过30 包·年的吸烟者（或者曾经的吸烟者），例如，每天吸 2 包烟，吸了 15 年，或者每天吸 1 包烟，吸了 30 年。对 5 万多人的研究表明，使用低剂量螺旋 CT 扫描的一组，与使用常规胸部 X 光片检查的人相比，肺癌死亡人数减少了 20%。

这到底意味着什么呢？这就是说，对有 3 年高风险的 3 万人来说，在 6 年中每半年做一次螺旋 CT，可以使肺癌死亡人数减少 60 人。然而，根据这些数据，美国临床肿瘤学协会、美国肺脏协会和美国胸科医师学会现在建议，肺癌高风险的人应进行筛检。其他卫生机构，如美国预防服务特别工作组，尚未认可这个建议。应该想到，大约有一半或一半以上的肺癌发生在非吸烟者中或少于 30 包·年吸烟量的人身上。这些人并没有包括在上述研究中，原因是，虽然这在肺癌病例中占了很大比例，但是对于任何一个人来说，风险非常小，因此潜在的益处并不大。即使对抽烟者群体来说，患肺癌的风险也可能相差很大。因此，各人做肺癌筛查的作用会有很大差距，其避免肺癌死亡的概率的差异超过十倍之多。因此，关于肺癌筛检的建议，应该因人而异。

一次成功的肺癌筛检程序的预期影响较小——不到 5％的肺癌死亡能得以避免。相比之下，只有患肺癌高风险的人接受筛检，肺癌筛检才是利大于弊的。被选出接受筛检的人患肺癌的风险，比一般女性患乳癌的风险大得多。患肺癌高风险的人应做筛检的结论，仍存在争议，但目前的倾向是要做筛检。

计算机断层扫描（CT 扫描）

阿伦·哥麦克（Allan Cormack，1924—1998 年）是一位南非出生的物理学家，他年少时非常痴迷于星空，为了成为天文学家，他研究了物理学。但是后来，他对粒子物理学的亚原子宇宙和 X 射线技术产生了浓厚兴趣，这一领域替代了浩瀚太空对他的吸引。科学发现的历史充满着机缘巧合，一个巧合使他明白了如何得到一个物体当中的某物的三维图像。竟然没有人曾经想过这样做，这使他惊讶不已。

1955 年，在剑桥大学研究生学习了两年的哥麦克，受到开普敦一家医院的邀请，在放射科做兼职工作，这是个没有竞争的职位，因为他是该市唯一的在物理学和处理放射性同位素方面受过训练的人。他的任务就是，弄清楚如何给身体的一个特定的点提供一个精确的 X 射线的剂量。这样做，就需要确定有多少 X 射线的能量会被特定部分吸收。他开始了此项工作后，才领会到 X 光片有多么简单直接：通过将图像层层叠加，它会在二维平面上将路径上的所有东西原原本本地表现出来。

　　这是在伦琴最初提出 X 射线 60 年之后的事了。哥麦克认为，伦琴揭晓了不同密度的组织吸收了多少能量这个谜，这样任务就简单了。他必须要做的全部工作就是，从多个角度取得 X 射线图像，然后，用一个三角测量公式来设计一个高清晰度照片。但是，出乎他意料的是，他找不到显示伦琴或后来任何科学家作过这种数学计算的文献，显然从来没有人尝试过。在以后的若干年中，哥麦克完善了数学运算，这使放射学家能够从角度交错的 X 光片中，取得一个清晰的影像。［多年之后，他知道在第一次世界大战中，奥地利数学家约翰·雷顿（Johann Radon）做过类似的工作，雷顿后来居住在英国。］哥麦克用简易的方法完善并测试了自己的理论；然后，自愿地把余下的部分交给工程师们去完善；他于 1963 年和 1964 年在《应用物理期刊》上发表了两篇文章，并继续做其他工作。

　　1967 年，一位英国电机工程师高弗雷·豪斯费尔德（Godfrey Hounsfield，1919—2004 年）在乡村漫步时，想知道有没有可能"通过从所有的角度读取图像，来确定盒子里面有什么东西"。豪斯费尔德是一位雷达方面的专家，也在计算机内存设计方面做了开创性工作，他很快就确定，用计算机把很多 X 射线图像放在一起，不仅能够显示盒子里面有些什么，而且也可以显示在人的头盖骨中有些什么。就像哥麦克对雷顿所做的工作毫不知情那样，豪斯费尔德在对哥麦克的工作毫不知情的情况下构思出了第一台 CT 机。1971 年，一部改进型的扫描机成功地在一家医院内使用，被称为断层 X 射线照相术或轴向计算机层析成像术。（成像术"Tomography"来自希腊语 tomos 和 graphein，意思分别为"切薄片"与"写出来"。）CT 扫描很快就被誉为自伦琴的最初工作以来，放射学方面最伟大的进展。豪斯费尔德标度是评定 CT 扫描的标准尺度，他与哥麦克同获 1979 年生理学或医学诺贝尔奖。

CT 扫描已经成为医学的重要部分，美国有大约 6000 台 CT 机。美国癌症协会估计，2007 年美国人共做了大约 7200 万人次扫描（1980 年为 300 万人次），而且每年数量都在增加。这很令人伤脑筋，因为，尽管一次 CT 扫描是有效的诊断工具，但是在围绕人体的一次旋转扫描期间，计算机拍摄了 175 到 200（或更多）张身体内的二维 X 光图像，并把它们变为高对比度的、三维的图像。这样的大剂量辐射，尤其是在一次检查中受到这样的剂量，是有引起癌症的风险的。

2012 年 8 月份的《柳叶刀》杂志针对儿童因各不相同的原因做 CT 扫描，发表了一项研究报告，报告指出这些儿童患白血病和脑瘤的风险有增加。与常规的 X 光片检查相比，CT 扫描的益处很大；它使医生能够看到 X 光片漏掉的不正常的情况，并准确地指出不正常部分的位置。然而，与常规 X 光片检查相比，CT 扫描也带来了更多的辐射。因此，应该审慎地使用 CT 扫描。医疗专家认为，大约有 1/3 的 CT 扫描是不必要的，这些扫描之所以要做，是因为医生并不总是考虑接触辐射的利弊风险。有些扫描是因为病人要求而做的，或者是因为医生想要减少诉讼风险而做的，或因为这两种因素都有。

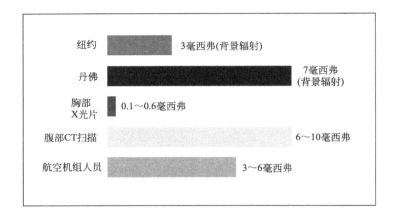

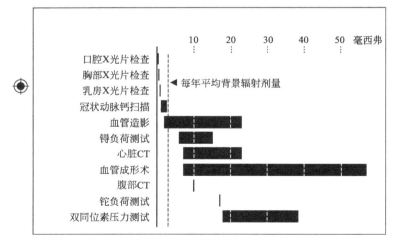

医疗程序中的辐射剂量

（图片来源：哈佛医学院. *Harvard Health Letter*. 哈佛健康出版）

正电子发射计算机断层扫描（PET 扫描）

氟脱氧葡萄糖是葡萄糖的一种含有氟-18 的、具有放射性的形式。在 PET 扫描中，氟脱氧葡萄糖被注射到血液中。PET 扫描要寻找体内葡萄糖浓缩和燃烧之处的代谢异常。就像正常葡萄糖那样，氟脱氧葡萄糖集中在新陈代谢活跃的部位，如感染部位或癌症部位。氟脱氧葡萄糖释放的正电子能够被一个感应器探测到。CT 扫描或核磁共振成像能够显示出器官的结构，但是无法检查器官的功能，而一次 PET 扫描能够在二维方向上检查到新陈代谢强烈的部位。与 CT 扫描或核磁共振成像同步进行，就可以显示癌症或发炎部位的三维的准确位置。病人在注射氟脱氧葡萄糖之后，必须要等上大约一小时，使氟脱氧葡萄糖在体内传播，并集中到葡萄糖代谢的部位。氟-18 的半衰期约为 2 小时。所释放出的正电子行进不到 1/400 英寸。在这一距离范围内，它把能量丢失到能与一个电子相互作用的程度。PET 扫描也称为湮灭疗法，因为那种相互作用把电子与正电子都湮灭了，并产生了一对伽马光子，用一部合适的辐射探测仪就可以探测到这对伽马光子。随着示踪物的衰变，扫描记录了组织的示踪物的浓度。超过 6 到 24 小时之后，大多数氟-18 从体内排出。

PET 扫描是无创伤性的，但却使一个人暴露在电离辐射中。辐射剂量相当可观，通常在 5～7 毫西弗，是一个人正常

年度背景辐射剂量的两倍。然而，在现代的医疗实践中，PET
扫描、CT 扫描总是结合起来进行的，就 PET 扫描-CT 扫描
来说，辐射接触量很高，达到 20 至 25 毫西弗，这是正常的年
度背景辐射剂量的 7 倍或 8 倍。在合二为一的 PET 扫描/CT
扫描中，内部和外部辐射皆有——内部的是来自放射性示踪
剂，外部的是来自 CT 扫描的 X 射线。在要求做 PET 扫描-
CT 扫描之前，医生要计算潜在的效益与风险比例，这是很重
要的。当事人应该询问医生为什么要做此项检查，清楚地了解
其好处是什么，以及受到的辐射量是多少。然后，就是否同意
进行这项实验作出有理有据的决定。如果你的主治医师或放射
科医生无法回答你的问题，那么，可以考虑换家医院了。

放射疗法

放射疗法，就是用相对较高剂量的高能电离辐射来治疗疾
病，尤其是癌症。在第 3 章和第 4 章中，我们讨论了放射治疗
的几个例子，包括使用高剂量的碘-131 来治疗甲状腺癌、用
与一种抗体有关的钇-90 来治疗淋巴瘤，还有，用锶-90 来治疗
眼睛的翼状胬肉。还有许多其他形式的放射疗法用来医治癌症。
放射疗法对有些癌症来说是最佳治疗办法，甚至可以治愈癌症。

放射疗法的剂量与公众受到的平均人为辐射剂量相比不成
比例。虽然只有相对较少的人接受放射疗法，但是接受的剂量
非常高。从放射生物学的角度来看，对接触辐射健康后果预测

的关键变量，是集体有效剂量。读者或许对以毫西弗为单位的个人有效剂量已经熟悉了。设想一下，有 1000 人，每人都接受 1 毫西弗电离辐射的有效剂量，那么集体有效剂量就是 1000 人乘上 1 毫西弗，即 1000 人·毫西弗。如果反过来说，一个人接受了 1000 毫西弗，而另外 999 个人没有受到辐照，那么集体有效剂量则相同。现在来考虑一下在放射疗法中某个人可能接受 60000 毫西弗的这种情况。这与 60000 人各接受 1 毫西弗的集体有效剂量是相同的。因此，我们就可以明白为什么每个接受了高剂量辐射治疗的人，对人口平均辐射剂量的计算，起到了不成比例的作用，这会对一个人群因过量辐射造成的健康后果做出错误的估计。（有些对公众的辐射剂量的统计忽略了放射治疗的特殊性，放射治疗仅针对癌症患者。）

尽管电离辐射会致癌，但是非常高的辐射剂量会对 DNA 造成不可逆转的伤害，并杀死细胞——完全不会导致癌症。因此，高剂量辐射可用来治疗癌症。通常使用的辐射种类有 X 射线、伽马射线以及带电粒子，如质子、中子以及如碳和氖这样的较重离子。有时，也会使用阿尔法粒子。被称为放射增敏剂[1]的药物看来能够提高辐射来杀死癌细胞的能力。

放射疗法可以是体外的，如辐射源是体外的一部机器；它也可以是体内的（也叫近距离放射治疗），例如将放射性颗粒或铯-137 粒子植入体内靠近癌症处，来治疗前列腺癌和乳腺

---

[1] 放射增敏剂是一种化学或药物制剂，当与放射治疗同时应用时，可改变肿瘤细胞对辐射的反应性，从而增加对肿瘤细胞的杀伤效应。——译者注

癌。最后，放射性核素还可以注射到血液中，例如注射高剂量的碘-131 来治疗甲状腺癌，或者注射放射性核素附着的与淋巴瘤细胞反应的抗体——抗体把放射性核素拽拉到淋巴细胞，这样，对身体其他部位的辐射，剂量就小了，而对淋巴瘤的辐射，剂量就高了。这就好比是一件核武器，抗体是目标导弹，放射性核素是弹头。向体内注射放射性核素，一般是静脉注射，称为全身放射治疗。

在美国，癌症患者（除皮肤癌之外）中大约有二分之一的人，即每年百万以上的人数，接受某种形式的放射治疗。有些人只接受了放射治疗，而另外一些人接受了放射治疗加上手术，或加上抗癌药物或激素。

电离辐射的破坏性影响并不是特别针对癌细胞的。靠近癌细胞的正常细胞也会被辐射的散射杀死，而且，由于出现辐射旁效应，受到辐射影响的细胞释放出来的物质，能引起附近没有受到辐射的细胞出现生化改变。人们认为，与正常细胞相比，大多数类型的癌细胞对辐射引起的杀伤更敏感，这或许是因为正常细胞能够更好地修复由辐射引起的伤害。为了利用这种差别，辐射治疗通常是分为几次的。总剂量被分成较小剂量，隔数日或数周进行治疗。这样的好处就是，在间歇期，正常细胞将会修复由辐射引起的破坏，而癌细胞则不能。分次照射可以使用更高剂量的辐射（积累剂量）。有些细胞本来就对辐射比较敏感，如着色性干皮病（XP，参见第 4 章 119 页），此病是由于细胞在紫外辐射引起的 DNA 双链断裂的修复方面，存在着缺陷。就是此种情况使着色性干皮病儿童有较高的患皮肤癌的风险。可以想见，辐射敏感性的增加，可以成为某些癌症的显著特征。放射增敏剂似乎就可以提高放射治疗的效果。

放射疗法可以用来根除癌症，或防止癌症复发。例如，有乳腺癌的妇女在部分乳房肿瘤切除之后，通常要接受放射治疗，以便杀死手术中漏掉的潜在残余癌细胞。这种办法对减少旧病复发是有效的。体外和体内放射疗法都可以使用，具体疗法要根据癌症的部位、大小以及其他与局部癌症复发风险的相关数据而定。

放射疗法有时候仅用来减少癌瘤的大小，而非治愈病人。例如，当一个大的癌瘤阻塞了气道，造成呼吸困难，或侵蚀到一条重要血管，因此造成出血威胁生命时，或者当喉癌或食道癌阻挡了呼吸或进食时，这种缓解性疗法显得尤为重要。这种缓解性放射疗法往往用来治疗已经扩散到大脑的癌瘤，此时很多抗癌药物进不去。缓解性放射疗法也用来治疗多发性骨髓瘤，以及因癌细胞侵入引起的椎骨和其他骨骼骨质疏松的患者。有时候，这些骨转移压迫脊髓，如果不迅速用放射疗法治疗的话，能够造成瘫痪。

成功的放射疗法，必须要把部位的精确界限（轮廓）包括在放射端口或放射野内。通常这要由一个叫做模拟定位的过程来完成——使用 CT 扫描、PET 扫描或核磁共振来确定癌细胞与正常细胞之间的界限。下一步，肿瘤科医生就要确定给予癌瘤和周围正常组织的剂量，并确定为达到此目的辐射光束的最有效路径。由于有这个精确的定位，接受放射治疗的患者在每次治疗时，能量必须放射在完全相同的位置上。这要通用若干项技术来完成，例如，在头部戴一个罩子或利用皮肤上的纹身标志，或者，在放射之前或放射期间立即成像（即影像引导放射治疗，image-guided radiation）等。

不同组织和器官对辐射有不同的敏感程度。我们说过，骨髓、胃肠道和皮肤对辐射极为敏感，因为这些组织中的细胞分裂速度快。其他器官与组织，如大脑和肾脏，能够承受高得多的辐射剂量而不会出现无可挽回的损伤。放射肿瘤科医生需要考虑癌瘤以及周围正常组织与器官的放射敏感程度，以便决定每种类型癌症和每个人的最佳剂量。原因是，某些癌瘤更容易用放射治疗杀死。并且，对个人来说，癌瘤的部位可能各不相同，因此，希望不受损害的周围的正常器官与组织也不尽相同。

理想的情况是，放疗按照模拟定位给癌瘤施加一个高辐射剂量，对癌瘤旁边的少量正常组织迅速进行辐照，因为有些没有被模拟定位检测到的癌细胞可能已扩散到了这些部位。（用常规技术查不到的可能已经扩散了的癌细胞，称为微转移瘤。）还有，接受放射治疗的患者在每个疗程中可能不一定恰好都处在相同的位置。采用影像引导放射治疗的新技术能够减少这种危险。

放射治疗使用了不同类型的粒子与波。体外放射疗法一般用光子（见导言）。这些光子往往在一个称为 LINAC 的直线加速器中产生，这个加速器利用电生成一道光子束。体外放射有若干种形式。最常见的是三维适形放射治疗，它使用复杂的计算机软件，准确地为照射到预期的目标区域的射线塑形。调强适形放射治疗是用小装置来为射线束塑形，在治疗过程中容许辐射强度有变化，来避开正常组织。还有就是影像引导放射治疗，用诸如 CT 扫描或核磁共振成像等影像检查，在整个治疗中不断地调整辐射场，使癌瘤得到最大剂量，而使正常组织受损最小。所有这些放射治疗方法的目标都是增加专一性：使癌瘤接受更多的辐射量，而正常组织接受更少的辐射量。此外，所有类型的辐射，都能够利用影像引导放射治疗。这些技术已经证明可以提高头部、颈部癌症，以及前列腺癌患者的存活率，可以减少儿童和脑瘤病人的晚期毒性。

有时，医生想对一个小而准确划定的区域使用一个很高的辐射剂量，如大脑中的脑垂体。他们可以采取一种叫做直线加速器-立体定向放射手术或称伽马刀的技术。伽马刀手术就是用伽马射线来准确地找出一个目标区域，目的是要避免大脑深处的手术。当这种技术用来针对大脑之外的癌症时，就被称为立体定向体部放射治疗，这是另一种直线加速器（LINAC）治疗。

有些形式的外放射治疗使用带电粒子，例如，用质子而不用光子。其理论上的优点是，这些粒子可以直接把能量送达目标，而光子在到达目标的途中会有某些能量沉积下来。这就是说，质子比光子更能够有效地避免伤及正常组织。质子产生机比直线加速器（LINAC）昂贵 20 至 30 倍，因此，其使用会受到限制。较新的直线加速器的技术使大多数成人癌瘤不用使用质子。另一种放射治疗的形式是利用电子束。由于电子不能直接穿过身体，所以，大多数电子束治疗是针对皮肤癌或浅表组织的。还有一种更新一些的体外带电粒子治疗，使用碳离子、锂离子、硼离子以及其他元素。

这些体外放射治疗形式，应该与将放射性核素置于体内癌症处的放射治疗做对比。这些治疗都有不同的名称，取决于放射源是置于癌症里面，是置于体腔内，还是一个特定部位内，例如眼睛等。近距离放射治疗使用密封在小胶囊内的放射性核素，此放射性核素被称为"粒子"，用针和导管来安放。随着"粒子"中的放射性核素的衰变，它们向周围组织释放出辐射。这可以让一个很高的剂量准确无误地到位，同时使正常组织受到的损害减到最小。有时候在治疗结束后，这些"粒子"就被移除，但也有些时候它们就永久地留在原处。

在某些形式的全身放射治疗中，癌症病人吞下或注射一定的放射性核素。此时放射性核素需要对准癌瘤。对于甲状腺癌来说，注射的碘-125 或碘-131 被甲状腺有选择性地吸收了，对其他组织的损害减到最小。另一种技术是把放射性核素附在特定癌细胞的一个抗体上。第三种全身放射治疗，是用放射性核素，例如集中在骨骼中的钐-153 和锶-90，来治疗骨转移瘤。

放射治疗的时间安排，以及治疗时机视情况而异，差别很大。有些人在手术之前接受放射治疗，旨在缩小癌瘤，使手术规模缩小，而且可能更加有效。有时候这叫做新辅助放射治疗。还有些人在手术后接受放射治疗，来减少癌症在局部复发的可能性。这种做法通常在乳房肿瘤切除术之后使用，有时称为辅助性放射治疗。在手术期间所接受的放射治疗——术中放疗，可以使用外部或者内部辐射源。与抗癌药物一起使用的放射治疗称为放射化疗。放射化疗较为普遍，被用来治疗若干种癌症，包括霍奇金病和其他淋巴瘤。

接受了放射疗法的人，往往担心自己会具有放射性。就体外放射治疗来说，这种情况绝不会发生。而相比之下，只要体内放射治疗的放射性核素仍然存在于人的体内，并继续衰变，就能够使人具有放射性。一旦这些放射性粒子被取出，或者衰变结束之后，此人便不再具有放射性了。此外，因为放射性粒子通常植于体内深处，不至于会有辐射到达身体表面。不过在某些情况下，体内放射治疗的患者会代谢出放射性物质，这些放射性物质能够在尿液、汗水和其他体液中检测到。对于这些物质，必须谨慎地进行处理。

放射治疗是一种有效的抗癌治疗，然而，它也会产生不利影响。这一点，在后面会有说明。尽管有负面影响，但是收益风险比充分说明放射治疗是一种重要的抗癌治疗办法。

放射治疗的长期影响

放射治疗对人们有不同的长期影响——对有些人来说毫无影响，而对另一些人则有严重影响，甚至是生命攸关的长期影响。一般认为，对身体的一个部分进行的放射治疗，不增加身体其他部分患癌症的风险。但是，接受过放射治疗的那个部位，则存在着新肿瘤增加的风险，不过这种病例很罕见。放射治疗的长期影响包括白内障、蛀牙和牙龈炎、心脏疾病、甲状腺功能低下症、不育症、肠胃不适、肺部疾病、记忆问题以及骨质疏松症（骨质流失）等，具体影响视受到放射的部位而定。对胸部的辐射可能导致心脏与肺的问题；对腹部的辐射可能引起膀胱、肠道或性方面的问题。新技术可以使辐射比以前更精确地对准目标，这就使受到损害的细胞减少了。由于辐射的精准度方面的进步，医生可能增加治愈、减少并发症。这些新技术应该经过严格的长期研究和临床对照实验来进行评估，这是很重要的。

第 7 章
炸　弹

核武器

　　核武器是爆炸装置，其威力来自一次核反应：即裂变（原子弹）或裂变和聚变（热核炸弹或氢弹）。裂变和聚变反应——如铀-235 与/或钚-239 的爆炸，释放出比常规武器大得多的能量。在广岛上空爆炸的原子弹（即"小男孩"，或许是因富兰克林·罗斯福或罗伯特·奥本海默而命名的），估计释放出相当于大约 16000 吨 TNT（三硝基甲苯炸药）的能量。很多现代核武器的威力要比其大 500 倍，相当于 1 千万吨 TNT，就是说要释放出一件现代核武器的同等的能量，就必须爆炸 1 千万吨 TNT。

　　虽然"小男孩"，这颗铀-235 炸弹，重量几乎有 5 吨，但是它的铀-235 含量只有大约 80 千克，而转化成能量的物质只有 0.0015 磅，相当于 30 粒大米（约 700 毫克）的重量。长崎的原子弹"胖子"含钚-239，而非铀-235（"胖子"可能是因温斯顿·丘吉尔或曼领导曼哈顿工程的莱斯利·格罗夫斯准将命名的)。"胖子"的爆炸力相当于大约 21 千吨 TNT 的能量。它即刻就杀死了长崎 24 万居民中的 6 万至 8 万人,伤 8 万人,比"小男孩"少一些。"胖子"在长崎上空引爆,是因为北九州市的上空,这个 96 英里之外的预定目标,当时乌云密布。由于炸弹没有在最优高度爆炸,而且长崎的丘陵地带(很类似于旧金山和热那亚)保护了低洼地区的居民,所以死亡人数较少。

因原子弹而伤亡的人数令人震惊,不过,比较一下原子弹与常规武器的影响,是很重要的。正如我们详细说明过的,死于原子弹的人数,并不比东京二战期间死于常规炸弹(可能多于 10 万人)和德累斯顿死于燃烧炸弹(约 25000)的人数多。

人们关于核武器如何造成死伤,存在着相当大的误解。核武器杀死大多数人的方式,与常规武器的方式是一样的:通过产生冲击力(冲击波)和引发大火。正如第 2 章所提到的,这些作用导致了广岛和长崎死亡人数的 90%。原子弹所释放的能量中约 50% 是爆炸能量,约 35% 是热能,而只有大约 15% 是辐射,其中多数是中微子,不会污染所在地区。核武器不同于其他武器的是,由一个单一来源造成大量人数的即刻死亡。辐射是核武器的独特功能,而且据估计,在日本造成了大约 10% 早期(但非即刻)死亡。还有,虽然暴露于原子弹的辐射毫无疑问地增加了幸存者的癌症风险,但是,与原子弹相关的癌症死亡只占过去 65 年中全部癌症死亡的 8%(即 6300 例癌症死亡人数中约有 550 人与辐射相关)。这是因为,在没有过多地接触辐射的情况下,大多数人有 38% 至 45% 的机会死于癌症，因性别不同而不同。

自 1945 年 8 月原子弹爆炸之后，美国、苏联、英国、法国、中国、印度、巴基斯坦，可能还有以色列，还有朝鲜，引爆了 2000 枚以上的核武器。据估计，这些国家拥有大约 20000 枚核弹头，其中大约有 25% 能够立即部署。其中大多数武器是裂变型炸弹，有些国家还有聚变型武器，通常称为氢弹，或称为热核武器。

裂变型核武器用常规炸药来促使浓缩铀-235 或钚-239 的次临界质量结合在一起，开始一次无法控制的自持链式反应。其目的是，在这个装置自身解体之前，把炸弹内的一些物质转变成能量。除了释放出巨大的能量之外，这些武器还释放出大量的放射性核素（称为裂变产物），成为放射性沉降物的组成部分。

聚变型核武器就更复杂了。聚变型核武器用裂变型装置来触发氢的同位素（通常是氘和氚）之间的一次聚变反应。裂变反应压缩聚变物质，并且裂变反应中释放出来的 X 射线和伽马射线使它达到过热❶。

使用将会增加放射性沉降物释放量的材料，来覆盖核武器表面，也是可能的。这类武器可能对核恐怖分子最具吸引力。

核武器发展必不可少的，就是发展武器运载系统。这些可以相对是简单的，就像在日本上空由飞机运载的重力引爆炸

---

❶　过热是物理学中把物质加热到发生相变的温度以上而仍不出现相变的现象。——译者注

弹；也可能非常复杂，如陆基洲际弹道导弹（ICBMs），它们可以是在固定的位置上（在地下发射井），也可能是非固定的，例如在导弹列车上。巡航导弹可以从潜艇上部署，或者从战斗机上部署，它可以不断调整自己的位置。大炮发射的核炮弹曾在内华达州实验场地试验过，但从未部署过。在太空部署核武器也曾经予以考虑，但是（幸好）还没有成功地执行过。

每一种运载系统都具有特殊目的。从轰炸机投下来的核武器可以是非常大型的，然而，因为飞机相对较慢的飞行速度（比陆基洲际弹道导弹——ICBMs慢15倍）而使部署延迟。低飞行高度会使导弹运载飞机容易被拦截。还有，对于真正的大炸弹来说，飞机必须很快远离爆炸现场，以避免飞机爆炸，或避免机组人员受到辐射。从导弹发射井发射的陆基洲际弹道导弹速度比飞机快得多，而且更难以被拦截，这是因为它们飞行的海拔高度很高。但是发射井可能成为敌人的目标，除非它们对攻击"坚不可摧"。如果把弹头与分导式多弹头（全称为多目标重返大气层载具，简写为MIRV）一同荷载，那么，以陆基洲际弹道导弹部署的核武器被拦截的可能性就会减少。潜艇导弹不会那么容易地成为攻击目标，但是导弹比重力炸弹或陆基洲际弹道导弹要小得多。大多数国家混合使用这些运载系统，来保持活跃的核威慑战略，虽然这些国家可能更偏向某一种系统。

核武器兵工厂的发展对健康的影响相当大。1945年到1963年期间的地面核爆炸向环境中释放出大量的放射性核素，通常称之为放射性尘降物。放射性尘降物由未裂变的铀-235

和钚-239 组成，也有裂变产物（铯-137、碘-131 和锶-90），这些物质在火球的极高温度下蒸发。这些产物组成的悬浮微粒，约有 1 英寸的百万分之四十，或者说，像某些病毒那样的大小。这些亚微观粒子立即上升进入同温层，并扩散到爆炸发生的整个半球。（南北半球的风很少交汇，因此，北半球的大气层核试验只对北半球的人有影响，反之亦然。）

核弹试验释放的大部分裂变产物都是短暂存在的，对健康方面的影响很少。然而，有些产物则会存在一段时间甚至是长时间存在的，如人们会因接触到碘-131、铯-137 以及锶-90 而产生严重的健康后果。

一个突出的例子是，在"第五福龙丸（意思是幸运龙）"这艘船名颇具讽刺意味的渔船上，船员们亲身经历的事。1954年 3 月，这艘渔船恰好在比基尼环礁上的"城堡布拉沃"氢弹爆炸危险区之外。在爆炸之后数小时，放射性沉降物，包括因核爆炸变得具有放射性的珊瑚，像雨水般落到船员们身上，呈白色尘埃状态。船员们几乎立刻就出现了急性辐射病症状，船长在几个星期内死亡。人们对鱼类的放射性污染，尤其是金枪鱼，有着担忧，这与在福岛事故的情况类似。因为比基尼爆炸，美国政府向日本支付了 2 百万美元赔偿费。

美国在比基尼环礁附近的氢弹试验，污染了朗格拉普环礁，连续几年来，岛上的居民不得不疏散搬离。他们中有数人患甲状腺异常的疾病，包括甲状腺癌。（1946 年在比基尼环礁的"十字路口行动"原子弹试验声名狼藉，法国设计师路易·雷亚尔因此把自己设计的泳装定名为"比基尼"。）

公众对大气层核武试验的放射性沉降物及其扩散的担心，导致了 1963 年《部分禁止核试验条约》的诞生，条约禁止了核试验，也导致了 1968 年的《核不扩散条约》，这项条约对核技术作了进一步限制。1996 年，许多国家签署了《全面禁止核试验条约》，这项条约禁止核武器试验，这样，至少是在理论上阻止了服从条约的无核国家内出现核武器。可惜的是，有几个关键性的国家（印度、巴基斯坦，还有朝鲜）没有签署此条约，美国、以色列和中国签署了条约，但没有批准条约。在 1959 年至 2010 年期间，美国参与了至少 24 项条约，包括第一阶段和第二阶段《战略武器限制条约》、第一阶段《战略武器削减条约》、《削减进攻性战略武器条约》、新的《战略武器削减条约》以及总统核倡议。其中多数条约没有被批准，但是有助于减少核库存。"美俄兆吨换兆瓦项目"从俄罗斯的库存减少了 18000 枚弹头，并把高浓缩铀转换成用于美国核能设施的材料，产生了美国 10％的电力。可惜的是这个 20 年的计划于 2013 年结束。

1986 年，世界上有 65000 枚核弹头。到 2012 年 3 月，可运营的核弹头数目减少至 4200 枚以下，包括俄罗斯控制的 1492 枚和美国控制的 1731 枚。减少的这 95％，表现出人类行为的一个里程碑式的变化。从历史上看，没有竞争对手曾自愿放弃强大的武器到这种程度，即使有，也属罕见。或许是核武器令人生畏的破坏性促成了这个结果，或许是渐进式的发展、人类行为的节制促成了这个结果，或许是这些因素综合起来促成了这个结果。不论是什么，一个矛盾的现实情况是，具有极大破坏潜力的核武器的发展，促成了历史上最大的自愿性减少武器的行动。

炸弹与核反应堆事故的中子

中子能够穿透人体组织，比其他电离辐射穿得更深。中子的这种能力，是不会被武器制造者们忽略的。1958年，在冷战期间，当时人口稠密的欧洲是一个潜在的战场。加利福尼亚大学的劳伦斯放射实验室（现在的劳伦斯利弗莫尔实验室）的物理学家塞姆·科恩（Samuel T. Cohen，1921—2010年）提出了一种新式核武器的建议，即中子弹，或称增强核辐射武器（enhanced radiation weapon，简称ERW）。在这种装置中，一枚常规氢弹会将外壳去掉，使更多的中子（比带电粒子射程更远）逃逸。它们甚至能够以致命的辐射剂量，穿透保护程度很高的建筑物或装甲坦克。其他的电离辐射（例如质子和阿尔法粒子），能够受到铅或其他高密度材料的阻挡，而中子则能够轻而易举地穿透。

来自中子弹的爆炸力大约是氢弹爆炸力的一半，但是，所释放的辐射量却几乎相同，因此，有较大部分能量释放了出来，而且行进得更远。即使如此，局部爆炸效应仍然在数十或数百吨TNT当量的范围。不过，实物破坏并非中子弹的目的。其目的是对建筑物造成较少伤害的同时，确保大规模人员死亡。它的目的是杀掉那些应该受到保护的士兵，对装甲坦克尤其有效。中子会通过与坦克的含贫化铀的表面相互作用使坦克具有放射性并使其成为一种致命的因素。

美国、苏联和法国都发展了中子武器——最早的装置于1962年在美国成功地进行了试验，不过由于一次禁核运动与强烈反对（尤其是在联邦德国，这个国家可能成为战场）而没有进行部署，人们争论，这些炸弹会使使用核武器的可能性增加。

在致命的临界事故中，中子对人辐照的影响至少已经被证明过7次。当存在足够进行一次链式反应裂变物质（称为临界质量）时，并且裂变反应产生的全部辐射，包括中子，都释放出来时，临界事故就发生了。最早的两次临界事故于1945年和1946年发生在（美国）洛斯阿拉莫斯国家实验室中，当时，科学家们偶然地引发了一次叫做切伦科夫辐射反应的不可控核反应。切伦科夫辐射反应是以俄国科学家、1958年诺贝尔获奖者帕维尔·阿列克谢耶维奇·切连科夫（Pavel Alekseyevich Cherenkov，1904—1990年）的名字命名的，他是最早对该现象进行过缜密研究的人。在一个商用反应堆中，由于电子速度减慢而使燃料棒周边的水发出的蓝色辉光就是切伦科夫辐射产生的。

中子是核反应的一部分，因此存在于核设施中。1999年9月30日，在东京以北70英里处的东海村，核燃料加工厂的工人正在挪动硝酸铀酰（uranyl nitrate，亦称硝酸双氧铀）。硝酸铀酰是因溶解了硝酸中的乏燃料棒的积料而形成的铀化合物。工人不小心在一个桶里放入了比平日多一些的裂变材料，而带来的却是一场临界事故。铀原子以极高的速度释放出中子（称为高速中子），一般来说，这并不能很有效地传导一次链式反应。但是，在放置了硝酸铀酰的缸容器内的水，使中子减速，使它们更加有效地维持了一次链式反应。临界状态在一系列脉冲中持续着，这样，辐射就潮涨潮落般地持续了大约20小时，最终在工人们把水从冷却罐中全部吸干后，方才结束。总之，厂内667名工作人员以及附近的居民都不同程度地接触到了辐射。3名挪动硝酸铀酰的工作人员受到了3000、10000和17000毫西弗的辐射剂量，后两者是致命的剂量。7名工人受到了5至15毫西弗辐射剂量，一位附近的居民受到了高于20毫西弗的辐射剂量。由于在切尔诺贝利与戈亚尼亚的经历，鲍勃被请到了东京。他与东京大学的千叶繁和前川和彦以及医科学研究所的幸道秀树和浅野茂隆一起工作，对三位受到严重影响的工人进行了治疗。

要识别释放的仅仅是伽马射线，还是也涉及到中子，这需要时间和测试。其中一位工人报告说他看到了一道蓝光，这说明有切伦科夫辐射，在这种辐射中，有巨大量的中子与伽马射线一并释放。（早期的核科学家为达到一次临界量而招致危险，接近却没有达到临界状态，这会导致进行实验的人死亡。他们把这种情况称为"摸恐龙的尾巴"。）

这个工人报告说看到了蓝光后，该区域马上进行了疏散，这个工人被送到现场附近的一间房子里，他在那里发生了短暂昏迷，10分钟内呕吐，一小时内出现腹泻，腹泻持续了两天。由于没有爆炸或者其他临界事故的明显迹象，医生们不得不检查受害者体内是否存在钠-24（放射性钠），来确定他是否只接受了大剂量伽马辐射，或者也受到了中子的轰击。

我们的体内有很多放射性核素，钠-24 不在其中。当中子打击我们体内大量的非放射性的钠-23（即盐）时，就把它转变成具有放射性的钠-24，钠-24 有大约 15 小时的半衰期。要确定事故中是否有中子释放，就要对这位工人的尿液和汗液进行了收集并化验。最终，钠-24 被检验出来了。

由于受害人接受了高剂量辐射，鲍勃和日本医护人员通过为他们替换已经被毁坏的骨髓，来尽力挽救这些生命。他们从家人那里移植血液细胞，或从无亲属关系的儿童的脐带里移植血液细胞。移植的细胞虽然有效地替代了受害者骨髓的作用，但是，对肺部和胃肠道极高剂量的辐射，却引起了不可逆转的、最终致命的伤害。

毫无疑问，中子弹在各个方面造成了致命伤害。全球热核战争造成的相同影响更是不在话下。广岛和长崎原子弹爆炸之后，人们明白了原子武器意味着人类的末日。然而，据已故历史学家保罗·波伊尔（Paul S. Boyer，1935—2012 年）说，当冷战成为国际政治的常态时，美国和苏联的导弹库存确保了大规模毁灭与相互威慑，世界"瞬间毁灭"的威胁，不知何故变得可以接受了，更确切地说，是被忽略了。来自核武器的威胁，远远超过核电站一次事故的潜在危险。不过，或许因为大规模使用核武器会对地球上的生命造成灾难性的破坏，所以较小的事件更容易引起担心。

"脏　弹"

　　国家安全机构认为，大多数由国家控制的武器是恐怖分子无法取得的。但是，他们担心恐怖分子用盗窃到的或转移给他们的裂变材料自制"原子弹"。对于恐怖分子一旦取得少量放射性物质并引爆一颗"脏弹"（正式名称为放射性散布装置，radiological dispersal device，RDD）可能发生的情况，很多人都心存担忧。一颗脏弹与一个简易核装置同样具有爆炸性破坏力，此外，会在一个小区域内散布辐射，伤害一些人，并造成恐慌。1987 年戈亚尼亚铯-137 造成的辐射扩散，是世界上最严重的放射性污染事故之一，它让我们看到一颗脏弹可能产生的许多影响。

　　戈亚尼亚事故也显示了如果恐怖分子在一个大城市引爆放射性散布装置，那将会是一种什么情景。在世界各地，大约有10000 部利用铯-137 和钴-60 释放的伽马射线来治疗癌症的放射治疗机，尤其是在发展中国家。放射治疗中心现在有大量的放射性物质，包括铯-137、钴-60、碘-125、碘-131、铱-192、钯-103 和钌-106。铯-137、钴-60 以及许多其他放射性核素存在于成千上万个工业场所、大学以及研究机构中。最后要说的是，在美国与前苏联国家的许多已经停用的核武器场所，仍然有放射性物质。

　　正如我们在戈亚尼亚所看到的，有人可以盗窃一个放射治疗机器，并挪走放射源。那么恐怖分子就可以把这样的东西（或几个这样的东西）与一件常规爆炸装置组合在一起，爆炸时就可能会污染达 1 平方千米的区域。

如果在这类爆炸中的那些受害者的衣服或皮肤上有可以检测到的辐射，那么受害者通过彻底清洗就能很快去掉污染。爆炸发生的地区会受到无法承受的辐射，不过，这可以通过消除污染来减轻，例如清洗、防护，如果需要的话，还可以通过短期或长期疏散来降低污染。但是，转移一个没有经过检测的辐射源，不只是有困难，而且可能很危险，因为一旦去掉了防护层，辐射水平就很可能杀死任何一个要把这种材料放入简易炸弹的人。（可笑的是，最大的危险可能会是那个处理放射性物料的恐怖分子，他是受辐射最严重的人。不过，罢了，对一个自杀式炸弹杀手来说，就无所谓了。）

一颗小型的脏弹，肯定会释放出放射性物质，但是对人们来说，最大的危险并非爆炸或辐射，而是紧随而来的混乱和不可控情绪，以及随后的政治和经济影响。医疗机构会人满为患，去医院的人可能真的患有辐射病，或者，更有可能是自认为患上了辐射病，而且，一个城市中这样的混乱情况很可能会蔓延到其他的都市，引起更多的混乱。

使用放射治疗机中的材料，或含有放射性物质的其他装置所引起的爆炸，其冲击力或爆炸形成的碎片，很可能杀死或伤及附近的人。从辐射的角度来看，受害者不太可能需要更直接的医疗干预。一些科学家认为，由 4000 磅 TNT 引爆一磅半铯-137 的简陋的爆炸，会使放射性物质四散开来，使它不至于致命。国际原子能机构的一位科学家曾说，"很难想象任何种类的脏弹会造成我们在 2001 年 9·11 中看到的那种大规模伤亡。"

实际上，恐怖主义分子不需要引爆一枚炸弹，他们只要向周围散布放射性物质，或把它涂抹在建筑物上面就可以了，虽然不能像爆炸那样引起恐慌。

以上所说的这些，都不意味着脏弹的危险性应该解除，也不是说不必把这种威胁当真。先撇开炸弹的事不说，令人不快的事实是，辐射泄漏常常发生，是用高压水与特殊液体来清理的。钚也可以被清理干净。只要你愿意花时间、费金钱、出力气，大部分可预料的放射性污染都是可以被清理掉的。

鲍勃和亚历山大·巴拉诺夫（Alexander Baranov）在2011 年的《原子科学家公报》上写道，政策制定者与公众必须接受教育，了解这种装置的辐射能够造成什么结果。在几乎所有的类似情况下，最好不要把附近的建筑物疏散空，而是应该让人们留在建筑物内（尽快回到建筑物内），关窗户、避免呼吸外面的空气、尽量多洗澡去掉污染，不要吃可能接触过辐射微粒的食物。疏散（会使建筑物敞开，这就减少了建筑物提供的屏蔽）通常会使爆炸附近的那些人增加辐射接触。如果有放射性烟雾，大家应该留在室内，直到这种烟雾消失。如果有来自放射性物质的地面污染，人们也应该留在室内，直到放射性得到测量，再开始有秩序地疏散。问题在于要避免恐慌。人们为了逃脱，冲向四面八方，只能导致更大的伤害和接触更多辐射。核武器专家贝内特·兰伯格（Bennett Ramberg）在

2012 年写给我们的信中所提到，从许多方面来说，放射性散布装置（RDD）"与其说是一种大规模的有杀伤作用的武器，不如说是一种大规模的起混乱作用的武器"。

核电设施可以是核辐射武器

贝内特·兰伯格在《核电站作为敌人的武器：不为人知的军事危险》一书中，描述了一所核电站设施有可能受到常规炸药的轰炸，使大量的辐射释放出来。(1981 年，以色列军用飞机摧毁了伊拉克的一个核反应堆，不过，由于这个反应堆正在建设中，没有核燃料，故没有辐射释放。)他详细地描述了 2001 年 9 月 11 日的攻击之前，政府对这种隐患是多么掉以轻心，不只是对核设施方面不重视，而且对化学设施方面也忽视了。引用英国皇家环境污染委员会报告中的话就是："在过去的几十年中，化学工业大量增加，建立了很多工厂，这些设施会因为武装攻击而造成极为严重的后果。"核设施的特点就是，可能产生的放射性污染旷日持久。如果核电站能够更早一些发展起来，如果在二战期间被广泛地使用，那么，欧洲中部的一些地区很可能会因为铯对地面的污染而至今仍不适宜居住。

美国国会研究服务中心 2005 年的报告说，核电站"的设计方向是，能够抗得住飓风、地震以及其他极端事件，但是却不能抵御装满燃料的大型客机的攻击，例如撞向（纽约）世贸中心和五角大楼的客机。设计的要求确定时，没有考虑到这些。"

核工业部门的回应是，即使有这种攻击，装有核燃料的反应堆容器发生渗透也是不可能的，而且，"除非有一架攻击型的飞机完全浸入容器中，包括载有燃料的机翼。否则，像把世贸中心大楼的结构熔化了的一场持续燃烧的大火，是不可能出现的。"

对一处核电厂的一次恐怖袭击，可能会导致堆芯熔毁，并引发辐射释放。为了制止这种事件的发生，美国核管理委员会2003年4月发布一项命令："在现行法律下，受管理的私家保安部队应该从受攻击的最坏情况着手，来做好防卫工作"。核设施定期进行演练，在演练中有关人员要应对多种进攻情境。虽然自911攻击以来的十年中，安全已有所改善，但核电设施的脆弱性仍然令人担心。

辐射事故

只关注恐怖主义，认为那是传播辐射的手段，就等于忽视了更重要的方面，即放射性材料在全世界都存在，有使用过的、储存中的、运输中的，有时候是放错了场所，甚至有可能被人们忘记了的。人会犯错这是确定无疑的。戈亚尼亚发生的事，并非高放射性材料处理不当的唯一的例子。1983年下半年，墨西哥华雷斯市，即跨过美国德克萨斯州埃尔帕索边界处的城市，发生了一起事件，这起事件与戈亚尼亚发生的事件惊人地相似。一位电工捡到一个装满了钴-60 的废弃放射性治疗机套，并放在了自己的运货车上。他不知道有危险，打开了机套，在开往废物场的路上散落了放射性颗粒。

大部分钴-60 颗粒与废铁混在一起，运到两家铸造厂，在工厂里这些金属制成了桌子腿和建筑用的钢筋。总共有数千吨金属受到污染。直到载有这种金属的一辆卡车在新墨西哥州的洛斯阿拉莫斯国家实验所附近转错弯，引发辐射警报，带有放射性的金属才被发现。官方追踪到了在墨西哥的至少 4 个州内新建的几百所住房所使用的钢筋，也追踪到了在美国的几个州以及在加拿大的那些余下的金属。

这起事故中所释放出的辐射，是三里岛核电站的 100 倍，而且使 200 多人在一段长时间内受到低的，然而总计却是相当大剂量的辐射。据估计这或许是发生在北美洲最严重的放射性物质泄漏。

像这样的事情发生的次数频繁得令人惊讶。1998 年，国际原子能机构组织了第一次会议，旨在致力于保障辐射源安全与放射性材料安全。会议由欧盟委员会、国际刑警组织、世界海关组织和法国原子能委员会共同主办。会议报告指出放射性材料经常处理不当、丢失或根本没有受到重视。

（美国）核管理委员会每年接到的通知，有丢失或被窃辐射源的案例大约有 200 起。1983 年以来，有 20 例辐射事件的辐射物品已经在轧钢厂或者其他铸造厂回炉熔炼，并再生成新的金属。虽然很多废品回收商和金属回收工厂在大门口装有辐射检测设备。但是核管理委员会仍认为，这个数据只是不当回收的一小部分而已。有时，小块放射性材料能够通过若干个检查站而不被发现。并且，由于探测仪器价格昂贵，在英国只有半数废品回收商安装了这种设备，或者只有手持探测器来检测物品（在发展中国家这可能是个更大的问题）。

1998年，在西班牙的加迪斯（Cadiz）附近的一座炼铁厂，含铯-137的一部医用机器在通过检测仪器时没有被发现，与所有其他产品一起在冶炼过程中熔炼。产生的气体经工厂的烟囱释放出来（烟囱装有辐射探测器，但已经不工作）。气体散布到大气中。法国、瑞士、意大利、奥地利和德国的检测仪器的即时辐射测量，检测到辐射量的是正常量的1000倍。在1982年到1984年期间，回收后的放射性金属被熔制成钢筋，并用来在台湾北部建造了大约2000套公寓。一项报告说，至少10000人受到长期的低水平辐射，有数人死亡。一项分析暗示居民面临癌症增加的风险。这些数据可用来证明在长时间内接触低剂量辐射能够致癌。

在苏联，鲍勃亲身经历了出现差错的射线照相机造成的后果。用来建造房屋的模块部件是一个接一个地堆叠起来的，部件要经过一种无损检测技术（称为射线照相术），以保证钢在强度上均衡，而且接头要合适。视野射线照相术一般使用释放伽马射线的一个强辐射源，把它放在一个物体的一边，射线照相术用的胶卷放在另一边。其过程类似照一张X光片，不过，射线是来自放射性材料而不是X光机那样的生成射线的设备。一部射线照相机中的典型辐射来源是铱-192（iridium-192，半衰期是大约74天）。这些机器特意设计成便携式，因此，可能很容易被盗走来制造放射性散布装置。（实际上工业射线照相术造成的辐射事故，比其他任何使用放射性材料的技术造成的事故都多。）

20 世纪 80 年代，在哈尔科夫（Kharkov，现乌克兰第二大城市）的一栋预制部件的公寓楼建筑过程中，不知为什么没人注意到，检查用的含铯-137 的一部机器脱了出来，与一块混凝土板合在了一起，混凝土板变成了一间公寓卧室的一面墙。居住在这间公寓的一家人全都病倒并搬离。又有人搬进来但也病倒了。同居一间卧室的兄弟二人睡觉时，双脚朝向有辐射源的这面墙，腿部便患上了皮疹和溃疡，最后患上骨髓衰竭。哥哥还患上踝关节癌（骨原性肉瘤）去世了。居民们和当地政府把这些健康问题归于运气不好。最后，鲍勃的苏联同行亚历山大・巴拉诺夫（Alexander Baranov）听说了这件事。他马上明白了其中原因可能是辐射中毒。检察员被派到公寓楼，很快就发现并查出了固定在墙壁内的辐射源。一个孩子和他的母亲立刻被送医住院治疗。

第 8 章
核能与放射性废料

是否有安全发电方式?

电,从根本上改变了社会,并提高了工业水平、经济水平,以及人类的生活水平。在《柳叶刀》杂志 2009 年的一篇文章中,阿尼尔·马康德雅 (Anil Markandya) 和保罗·威尔金森 (Paul Wilkinson) 详细说明了对发电和健康所做的研究结果。在 1820 年至 2002 年期间,西欧国家的年人均实际收入从大约 1200 美元增加到 19000 美元,增长了 16 倍。同期,平均寿命从 40 岁增加到近 80 岁。在 19 世纪,从畜力到蒸汽动力,再到石油动力的变化提高了生产力,并极大地减少了动物粪便带来的健康问题。从 1900 年起,电力的广泛使用使工业生产率呈指数增长,加上科技的飞速进步,使人类的生活水平和健康水平都有了显著提高。人们家里不必再靠木柴取暖与做饭,不用靠蜡烛照明,这减少了火灾的风险,室内空气干净了,严冬中的家更暖和了,所有这一切(加上抗生素与其他医学方面的发展)改善了健康状况并使人类寿命更长了。此外,电能利用更加高效了，现在一个单位电能的产值是 1850 年的 4 倍半。

然而，兴一利，必有一弊，每种大量发电的方式，都伴随着大量的弊端，包括污染与（或者）在发电过程中产生的副产品给健康带来的危害。天然气是一种化石燃料，其开采对蓄水层有害，其燃烧会释放二氧化碳，而且天然气泄漏会释放甲烷，甲烷是一种温室气体，其吸热能力是二氧化碳的 25 倍以上。煤炭，这种使用最为广泛的能源，至少释放 84 种有害空气污染物与毒素，包括二氧化碳、氯化氢这类酸性气体，水银、砷、铅、苯与甲醛等这类毒素，还有放射性核素，包括钍与铀。即使那些对大气层没有排放的发电方式，也有其自身的问题。风力与太阳能取决于天气。风力涡轮机会杀死鸟类和蝙蝠，有人认为涡轮机破坏风景。常规的太阳能设施需要大面积的土地。开采铜矿来制造太阳能电池板所需要的管道，会给地球表面带来具有放射性的钍、镭和铀，这些是与铜在一起开采出来的❶。有些数据说，来自每兆瓦的常规太阳能的辐射剂量，可能超过等量核能的辐射剂量。光伏电力生产使用的是毒性很高的材料，这种物质不同于放射性核素，它们永不衰变，是一种永久性的健康危害。水力发电需要堤坝和水库，这对鱼类和鸟类都有影响，也改变了河流，会使产卵的鲑鱼在返家时死亡。而且，很多最适合建坝的地点已经被利用。

虽然每一种再生能源技术对整体发电都有重要贡献，可是从来就没有哪一种技术，看似能够代替燃烧化石燃料与核电设

---

❶　天然矿基本上都是多种矿物共生、伴生在一起的。——译者注

备产生大部分能量。就连那种看起来最环保的工程，如防洪同时发电的一座水电站大坝，也会发生意想不到的后果。在埃及尼罗河下游的阿斯旺水坝，每年能够防止洪水，并为埃及产生了可观的电力。它使尼罗河上游的水流与河旁季节性水位波动的运河中的水流速度减慢。速度减慢的水流使感染机会增加，衣原体和血吸虫造成了 100 万例失明与血吸虫病（下腹严重肿胀）的病例。

在人类文明史上，每年最大宗的财富转移，就是化石燃料的无数次购买，尤其是石油。在可预见的未来，这个数字只会增长。世界人口的增加与发展中国家的经济增长，将会对所有形式的能源带来不断增长的需求。随着那些国家中人民生活水平的提高，需要电力的家庭与需要各种各样耗电生活设施的人口，又多出几十亿。这些人们还会需要汽油开车。

美国人每天用掉 100 亿千瓦·时以上的电量，是任何一个国家人均用电量的两倍以上（100 瓦灯泡使用 10 小时，消耗 1 千瓦·时的电量）。美国大约 45％ 的电力是靠燃烧煤而产生的。（5 个最大的燃煤国家——中国、美国、印度、俄罗斯和日本，占世界上煤炭使用量的 77％。）美国的 600 家左右的燃煤发电厂，一天至少生产 500 兆瓦（5 亿瓦）电，每家电厂足以为 25 万户家庭供电。这 600 家电厂中，每家电厂平均每年燃烧 140 万吨煤炭。美国忧思科学家联盟❶指出，每年每家工

---

❶ 美国忧思科学家联盟，the Union of Concerned Scientists，于 1969 年成立，是由科学家组成的非营利性质的非政府组织。——译者注

厂向空气中释放出：

- 3700000 吨二氧化碳。二氧化碳是全球变暖的主要人为因素。这等于砍掉了 1 亿 6100 万棵树木。

- 10000 吨二氧化硫。二氧化硫引起酸雨，而酸雨破坏森林、湖泊以及建筑物，并形成微小悬浮微颗粒，这些悬浮颗粒会渗透到肺部深处。

- 500 吨微小悬浮颗粒。悬浮颗粒不仅会形成阻碍能见度的雾霾，也会引起重度哮喘，并造成早逝。

- 10200 吨一氧化氮。这相当于 50 万辆新款汽车的释放量。一氧化氮会导致烟雾（即臭氧）形成，使肺部发炎，灼蚀肺部组织，并使人更加易感呼吸道疾病。

- 720 吨一氧化碳。一氧化碳引起头痛，并对患有心脏疾病的人产生额外伤害。

- 220 吨碳氢化合物。碳氢化合物是来自臭氧的挥发性有机化合物。

- 170 磅（77 千克）汞。只要有 1/70 茶匙量的汞沉积在一个 25 英亩（101171 平方米）的湖泊中，食用湖中的鱼就是不安全的。

- 114 磅（52 千克）铅、4 磅（1.8 千克）镉、其他有毒重金属以及微量的铀。

- 225 磅（102 千克）砷。如果有 100 个人饮用含有含砷 1 亿分之 5 的水，就会有一人得癌症。

　　一座典型的 500 兆瓦的燃煤发电厂每年产生的废料有
125000 吨以上的灰烬，还有烟囱清洁装置内的 193000 吨油
泥。在美国，75％以上的这类垃圾都处理在非密封的、无人监
管的就近垃圾场，以及地表围塘内。

　　废弃物中的有毒物质包括砷、汞、铬、镉，能够污染饮用
水源，对器官与神经系统造成损害。一项研究发现，饮用了被
燃煤发电厂废弃物中的砷污染过的地下水，每 100 个儿童中就
有一个儿童有较高的患癌风险。生态系统也因燃煤发电厂的废
弃物而受到破坏，这种破坏有时候是严重的，或是永久性的。

　　通过燃煤发电厂循环的 22 亿加仑（1 加仑约为 3.79 升）
的水，又被回放到湖泊、河流与海洋中。这种水比江河湖海中
的水更热（温差达 14 摄氏度）。这种热污染能够使鱼类生育能
力降低并心率加快。通常是，发电厂还会向冷却水加入氯或其
他有毒化学物质，来减少藻类生长。这些化学物质也会排放到
环境中。通过燃煤发电而产生的热量，约有 2/3 释放到了大气
中或冷却水中。

　　马康德雅（Markandya）和威尔金森（Wilkinson）研究
了多种发电方法，看一看在哪些方面会使人受到伤害。他们的
发现中有以下几点。

　　煤：

- 在 5 种潜在的致命肺部疾病中，多达 12％的煤矿工人
  患有至少其中的一种。

- 用煤发电而释放的二氧化硫和氮氧化物，会增加次级粒
  子，次级粒子对肺部有损害。

- 世界范围内，每年都有数以千计的煤矿工人死亡，多数在中国。据美国劳工部报告说，从 2006 年到 2007 年，有 69 名美国煤矿工人死于矿井内，有 11800 人受伤。

石油与天然气：

- 释放到空气中的一级与二级粒子比煤炭中的粒子小得多，因此，对健康的影响小得多。因天然气引起的健康问题，是石油引起问题的一半，煤炭相关的健康问题却有 10 倍之多。

2010 年墨西哥湾的"深水地平线"事故，还有 1989 年在阿拉斯加的威廉王子湾布莱礁的埃克森·瓦尔迪兹号的搁浅，证明了石油钻探与运输事故对环境的危害之大，以及清理工作花费的巨大。在众多的漏油、爆炸和其他事故中，这仅仅是人们最了解的两个例子而已。

然而，发电并非产生污染的最大原因。汽车、卡车以及使用汽油的其他形式的交通工具，是大气中碳氢化合物和温室气体 1/4 左右的来源，氮氧化合物 1/3 以上的来源，一氧化碳 1/2 以上的来源。一氧化碳是一种无色、无味的有毒气体，它会切断对大脑、心脏和其他器官的氧气供应。胎儿、新生儿以及慢性病患者更易受影响。

化石燃料带来的健康风险已经够严重的了，而生物圈的排放物的威胁更为严重。除了保护我们免受宇宙射线的伤害外，更重要的是生物圈为人类提供了基本的生命支持。大气层在减弱，臭氧层在耗尽，而且地球的暖化加速了这些变化，就我们所知，这对生活造成的影响，可能是毁灭性的。使用化石燃料，可能会比使用核能，造成更多与辐射相关的癌症（例如，因紫外辐射而患的皮肤癌）。

世界上大约有435个核反应堆。一个正常运营的核电站释放出少量的辐射，以及非常小量的放射性气体与液体。居住在距离一座核电站50英里之内的人们，每年平均受到大约0.001毫西弗的辐射，或者说是一般美国人受到的年平均自然背景辐射量的1/33000。然而，居住在靠近煤电厂的人们，一般会接受到更多的辐射。在燃烧之前，煤只含有微量的铀和钍，不构成任何危险。然而，煤的燃烧去除了碳和杂质，而留下了"浮尘"，其中铀和钍的浓度增长到燃烧之前的10倍。煤的天然放射性是通过燃烧释放出来的，然后被释放到大气中。浮尘给周围环境带来的辐射量，是产生同等能量一所核电站所产生的辐射量的100倍以上。浮尘还渗入到地下水层，会被我们所食用的农作物吸收。只有一小部分浮尘进入到产品，如混凝土中。

核电站的大部分辐射是人为的，也就是说，如果没有人类，这种辐射不会存在。不过，核电站使用滤波器，捕捉大部分辐射。放射性气体与液体，通常在受控条件下释放到环境中去了，这样它们就消散在大气中，或者被水稀释了。大多数营运中的核能发电厂的直接辐射，被建筑物的钢筋混凝土与外壳结构屏蔽了。余下的，在核电站周围受控的无人居住的空间，安全地消散了，对公众来说不构成危险。

花岗岩和一些其他石头都存在了数千年甚至数百万年，因此，在其基质中含有放射性核素，包括钍-232、铀-238还有镭-226。当这些放射性核素衰变时，释放出氡-222。在纽约的中央火车转运站，或者在美国国会大厦前面，辐射水平高于一所核电站内所允许的本底水平。然而，核电站并非完全无害，正如我们在切尔诺贝利和福岛第一核电站所看到的那样。

典型的核反应堆在一年中会产生 24 吨废料。世界上所有的反应堆加起来，每年废料的量共计大约有 10400 吨，在过去的 40 年中大约是 416000 吨。具有最高辐射水平的废料是乏燃料棒。虽然有些乏燃料棒被放在混凝土与钢的干燥储存桶内，但是它们通常是存放于反应堆场地的水池中。这听起来很可怕。当然，核废料的储存是一件公众关注的事，部分原因是，其放射性可达千年之久，另一部分原因是，任何事物只要带个"核"字，都令人谈虎色变。产生恐惧，主要是因为担心核武器的试验与使用、担心像切尔诺贝利和福岛第一核电站那样的事故发生、担心地球毁灭以及核事故可能带来的言过其实的后果。这些恐惧很多是由于教育缺乏和信息失真而增加的。

如果储存在容器中的燃料棒有辐射泄漏，从地面渗透下去，然后进入供水系统，这时，人们担心会发生什么是很自然的。那么现在，让我们暂且抛弃一下直觉，把燃煤发电厂的废料与核电厂的废料作个比较。（先不计来自煤矿开采的污染。）在美国，每年燃煤产生的 1.3 亿吨的灰尘以及其他主要的有毒废料是全世界核设施所产生的废料重量的 1200 万倍。

　　据估计，如果美国所有的用电全部用核反应堆来承担，那么，350 年内所产生的高放射性核废料的体积就是边长为 200 英尺的一个立方体。当煤灰被密封在干燥的、排成行的地面仓窖时，人们认为这是安全的。但往往是，它们最终被倾倒进大的池塘内，或者在露天存放。2009 年，在美国田纳西州的金斯顿，在半个世纪中日积月累的一大池子煤炭废料冲破了屏障，有大约 10 亿加仑的有害煤灰污泥涌进了艾莫里河，泄漏量是埃克森·瓦尔迪兹号漏油事件❶的 100 倍以上。并且还有来自煤和所有化石燃料的进入大气层的污染。

　　人们担心在地球上储藏核废料，但是 350 年的核废料，往往比一座燃煤发电厂产生的废料堆还要小。

　　如果能有一种能源可以满足世界能源需求、又没有核能的长期危险或化石燃料的眼前危险，那该有多好啊！在未来，在非常高的温度下运行的核反应堆，或有可能分解水分子而自然地产生氢，并通过核聚变产生能源，释放的二氧化碳则微乎其微。然而，我们尚未达到那个水平，而且可能在很长一段时间内都达不到那个水平。（有句核物理学家常说的玩笑话——总是说核聚变在 50 年后就能实现。）

　　发展中国家的森林砍伐，加重了大气层中二氧化碳水平的上升带来的全球问题。砍伐的木头被用来烧火、取暖和做饭。有效的核能可以替代树木砍伐。在最近的几十年中，核技术有

---

　　❶　埃克森·瓦尔迪兹号漏油事件是 1989 年发生在阿拉斯加威廉王子湾的原油泄漏事件。——译者注

很大进展。先进的快速中子反应堆、对核燃料的再处理可以提高裂变材料的利用率，对铀矿开采和加工的需要减少了（这样就对环境破坏较少），而且由此出现了更好的核废料处理系统。由于美国政府的政策是不准对乏燃料再处理，轻水反应堆中的燃料，仍然含有核裂变势能的 90％以上，并有可能在适宜的条件下有效地得以循环利用。

核能还有一个能量密度上的极大优势。燃烧 1 千克的煤，能够使 100 瓦的灯泡点亮大约 4 天；1 千克的天然气可以使这个灯泡亮 6 天；而在一个轻水反应堆中 1 千克的铀，能使这个灯泡亮 140 年。

燃烧化石燃料或使用核能，二者中哪种危险更大一些，可能涉及到你对另一个问题的看法，那就是你是否认为地球变暖是真实的并且是人为的。如果你相信全球变暖是真实的，认为化石燃料的释放物，即氯氟碳化物和其他温室气体的后果越来越严重，那么，就可能与你之前的想法相反：核能危险性或许小一些。令人惊讶的是，很少有环保人士赞成核能。[科罗拉多州立大学教授 F. 沃德. 维克（F. Ward Whicker）就是一位自称是"环保狂"的人，他的研究引导着他这样做，过去几十年中，此教授的工作主要是研究如何清理放射性废物。]

换句话说，人们可能对远离人口中心的、占地几百英亩（1 英亩约为 4047 平方米）的密封核废料不放心。如果出了能想象得到的差错，包括核电站发生熔毁，那么，放射性物质就会使一个地区无法居住，并进入供水系统，使数万甚至几百万人的生活受到影响。那就非常糟糕了。以切尔诺贝利作为参

考，可能就会对发生什么情况，有一个大致了解。到目前为
止，正如前文已经提到的，大约有 6000 人患甲状腺癌，这仅
指儿童，白血病可能略有增加，还有，自事故发生以来的 25❶
年中，没有令人信服的证据说明有任何其他癌症增加。甲状腺
癌增加属不幸，但是很大程度上是可以预防的，而且到目前为
止死亡人数仅有 15 例。据估计，自事故发生后算起的 80 年
中，事故导致的可能的患癌人数估计有 11000 人到 16000 人，
不过也有可能低至 6000 人，或高达 25000 人或以上。而在同
样的 80 年中，在苏联的人口中，可能有 1 亿以上的癌症病例
是与切尔诺贝利事故无关的。对于女性为 38％、男性为 45％
的患癌概率，个人增加的患癌机会仅仅约为 1％的一半。

　　一个多世纪了，人们似乎并不关心化石燃料向地球大气层
所释放的、不断增加的臭氧消耗污染物以及温室气体，人们已
经制造了全太阳系最大的废料堆，而且现在就我们所知，那些
污染物在威胁着人类的生活。

死亡人数/(十亿千瓦·时)

能源类型	意外事故	空气污染
煤	0.02	25
天然气	0.02	3
燃油	0.03	18
核能	0.003	0.05

---

　　❶　本书出版时，切尔诺贝利核电站事故已经发生 32 年了，英文原版于 2013
年出版。——编者注

放射性废料

核燃料是由半英寸长的铀陶瓷芯块组成的，与像长矛样的、12 英尺长的棒条包在一起。大部分燃料都是铀-238，铀-238 通常不裂变，但是增加 3%～5% 质量的铀-235，就足以使其完成一次链式反应（有时候钚-239 被用来作为可裂变成分）。2009 年的年末，美国大约有 1.4 亿磅乏燃料来自核电设施。此量每年大约以 2000 吨的数量增加。法国、英国以及所有使用核电的国家，也都有大量的乏燃料库存。

美国和欧洲最普遍的反应堆，是轻水反应堆，通常用的是含有大量陶瓷芯块的燃料。陶瓷芯块被塞入锆合金管（燃料棒），之后这些锆合金管就被绑在一起，成为燃料组件。（用锆是因为它基本不吸收铀-235 裂变所释放的中子，而且它还抗腐蚀。）陶瓷芯块和锆合金包壳之间的空间被充满氦气，以改善裂变铀到包壳的热传导。每个燃料棒束大约有 200 个燃料棒，在反应堆堆芯内约有 150 个燃料棒束。为控制通过燃料的中子的数量与速度，将控制棒从顶部通过核燃料组件之间插入。在一部分铀燃料裂变（"烧掉"）为发电产生了热水或蒸汽之后，燃料棒就被称为"使用过的燃料棒"或"乏燃料棒"。

每座核电站都把自己的乏燃料棒储存在 40 英尺深的内嵌钢池中，很多情况下，这种内嵌钢池周围是几英尺厚的钢筋混凝土。池中的水保持着低温，以冷却仍有残留辐射释放热量的乏燃料棒，并且可为环境与工作人员屏蔽这种辐射。乏燃料通常是指以合理成本不再维持核反应的燃料棒，但是仍然含有大量未裂变燃料。这些乏燃料棒中仍存在约 200 种放射性核素在继续衰变，产生着热量，包括在反应堆中产生的未裂变的铀-235 和钚-239。在核电站内部还有冷却保障设施，如果冷却失效，这一保障设施就会在包裹燃料的水沸腾之前启动泵。发电厂有备用的发电与泵水设备，以防有火灾、爆炸或其他灾难出现时抽水系统不能运行。

虽然使用核能发电的过程可能看起来复杂，具有潜在危险，然而，一所核电站的单位电力的死亡风险，比常规燃煤发电厂每单位电力的死亡风险要少 10 倍。可惜的是，天下没有万无一失的系统。在福岛第一核电站，海啸毁坏了所有的冷却系统，不仅毁掉了核反应堆的冷却系统，还毁掉了盛有使用过的核燃料的冷却池的冷却系统。急救人员不得已而使用消防设备把海水抽进池中。这样做，虽然降低了池中的温度，但是海水中的盐和其他化学物质，却与包裹着燃料棒的锆发生了化学反应，引起燃料棒变质。日本技术人员现在正试图弄明白乏燃料棒内的海水与大量放射性污染的水之间的相互作用。除去 1986 年的切尔诺贝利的灾难，没有人因商业核电设施释放的辐射而死亡。不过当然，这类废料可能是极其危险的。核工业部门承认这一点并指出，他们会对核电生产及核废料的储存进行严格的监管。监管部门要确保这一点，这是非常必要的。

大约 80% 的美国乏燃料棒在它们发生反应用过的反应堆的池中。其余的都储存在干式储存桶内，这些干式储存桶具有大约 15 英尺高的巨型钢材结构，位于安全地带受到保护的场所。在经过充分冷却使之可以转移到干式储存桶储存之前，乏燃料棒一般在水池中保管 5 年。干式储存容器四周是加强钢材、混凝土，或者其他材料，可屏蔽乏燃料棒的残留辐射来保护环境和公众。2010 年 11 月，在美国 33 个州的 57 个地点，有 63 处所谓的 "独立的乏燃料储存装置"，共计有 1400 个以上的干式储存桶。此外，美国在 9 处地点有 10 个退役的核反应堆，这些核反应堆虽然没有核运营，但是却保留着 3100 吨乏燃料。无论如何，直到这些材料移至加固储存场所或废料处理装置中的时候，这些反应堆才能完全退役。

如何处理使用过的核燃料，是人们持续争论的问题，也是一个政治和公共政策难题。1987 年，美国能源部受命创建放射性废料存储场所，到 1998 年，这些放射性废料来自当时美国的 104 个核反应堆。人们决定把核废料埋在内华达州离拉斯维加斯 90 英里的一片火山岩的尤卡山地下深处的一个专门设计的储藏库内，那里是内华达核武器试验场地的一部分。虽然美国政府后来花了 20 年的时间在尤卡山做准备工作，但是一些内华达居民以及他们的国会议员都反对把放射性废料埋在那里。与此同时，放射性废料不断增加，核设施的池内储存用的空间越来越少，而这些池子的设计并非为长期储存。2015 年和以后上线的反应堆，都强制性地具备 18 年乏燃料积累的储存空间。

乏燃料如此危险，但是，使其安全储存可行的且势在必行的办法，竟然少之又少。如果把在过去 50 年中，美国核电站生产并使用的所有陶瓷铀燃料芯块集中在一处，就能够覆盖大约一个足球场那么大的面积，深度大约为 21 英尺。（只应在理论上这样做，因为如果把它们真的那样堆积起来的话，就会引发链式反应。）核废料的寿命如下：钚-239 的半衰期为 24000年，因此，其中的大部分衰变需要 240000 年，这自然会引起很大的担心，但是要真的理解其危害，我们需要了解一个背景。很多其他有毒废料和有毒化学物质，如电池中的铅，根本就不衰变，它们有着无限长的半衰期。只因为某种东西存在，并不等于我们就会接触到它。所有的极有害的废料都需要隔离起来，而实际上其中有很大一部分并没有被隔离起来。

美国新墨西哥州阿布奎基附近的桑迪亚国家实验室研究了在海面 12000 英尺以下的软而有黏性的泥浆中储存核废料的可能性。有一种建议就是，把废料装到鱼雷上并穿过几百英尺落到海底。如果废料周围的外壳被腐蚀或产生泄漏，就可能有一小部分释放，不过，其余部分就会与板块沉积物束缚在一起，随着时间的推移，埋得越来越深。还有科学家建议，情愿冒着火箭发射失败的风险，把乏燃料运到太空中去。

内华达州仍处在僵局中，新墨西哥州卡尔斯巴德附近的核废料隔离试验厂已经在一大片成盐层上的一个老盐矿内建立了起来。这个两英里长的通道在干盐床的幽深地下，这个干盐床永世不会透水。核废料将在 25 万年中具有放射性，这个设施可维持 1 万年，在此期间，人类可能已经发现更有效的办法，来处理这些核废料。乏燃料中的铀仍然保持着大约 95% 潜能，对其进行再处理和循环使用虽然目前非常昂贵，却是一些国家通常采用的方法，而在美国这一方法则不被采用，并且是违法的。很多科学家认为，卡尔斯巴德（Carlsbad，新墨西哥州东南部城市）场地比尤卡山（内华达州）更可取，因为地下水的缺失，意味着盐层将不会被滤走，而且总会是干燥的，除非整个地球的气候发生变化，而对这种情况我们就不要过多担心了。

如果放射性废弃物能够回收而成为反应堆的几乎是无限的燃料，又会怎么样呢？这是可以做到的。一旦向快中子增殖反应堆补充钚燃料及吸收中子能够转换为裂变燃料的材料，那么所产生的能量就会多于所消耗的能量。由裂变产生的额外中子可以把非燃料（铀-238）转换为燃料（钚-239）。此外，一旦一个快中子增殖反应堆"开动"起来，就可以用天然铀-238作燃料，而不再需要含有浓缩铀-235的铀-238来作燃料了。

不过，快中子增殖反应堆具有这些益处的同时，也有诸多弊病。这种反应堆的建造与运营远比一般的裂变反应堆复杂，而且昂贵。更重要的是，一个快中子增殖反应堆中的钚，能够被恐怖分子用来制造核武器。还有，提取钚，燃料必须经过再处理，这样做就产生了放射性废料和潜在的高剂量辐射。1977年，卡特政府叫停了乏燃料再处理，此后，美国政府官方禁止乏燃料和再处理。1967年，法国打算把快中子增殖反应堆商业化，但是由于技术问题和商业方面的失败，于1983年停止。通过嬗变来处理乏燃料的尝试于2009年终止。那些用快中子增殖反应堆的国家——印度、日本及前苏联国家，无一实现商业化。

20 世纪 60 年代，一个称为简易增殖反应堆的早期反应堆，被认为是较佳的选择，因为当时铀非常昂贵，而且将天然铀中的铀-235 增浓的过程也非常昂贵。（浓缩含量稀少的铀-235 非常昂贵；铀-238 产量丰富，相比之下没有那么昂贵。）随着浓缩铀的花费明显降低，而且使用新技术使浓缩变得更容易，从商业方面考虑，增殖反应堆的吸引力变得逊色了。一种可能在经济上可行的快中子增殖反应堆正在由俄罗斯建造，美国也参与其中。该反应堆计划于 2014 年运营。

减少高放射性核废料的另一种可能性，就是使用混合氧化物燃料（mixed oxide fuel，MOX）。混合氧化物燃料是钚和铀氧化物的混合（天然铀-238、经过再处理的铀或者甚至是贫化铀）。混合氧化物燃料的一个好处就是，它使用的是为制造核武器生产的武器级钚，这样，各国便无须对这些武器级钚进行储存和防盗了。数万件核武器从美国的库存中退役，每一件都是用作燃料的钚的重要来源。有一个弊端就是，广泛使用混合氧化物燃料来处理这些核能，会增加核扩散的风险。分离的钚-239 有可能更容易被恐怖分子拿到手。

高放射性废料，例如核燃料棒以及制造核武器使用的钚所留下来的废料桶，仍留在华盛顿州的汉福德、科罗拉多州的洛基弗拉茨、南卡罗来纳的萨凡纳河场地。这些地方需要非常谨慎地对待并隔离（如对待卡尔斯巴德一样），使其不会威胁到人或环境。科学家有技术能力去做到这一点，缺乏的是政治意愿。

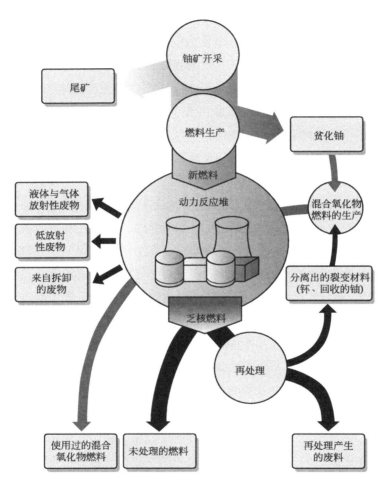

核燃料链——从开采到分为高放射性废料、

低放射性废料，以及废料再利用的途径

[图片来源：伊尔马里·喀戎（Ilmari Karonen）与

居古拉斯·拉尔多特（Nicolas Lardot）]

另外一类放射性物质——低水平放射性废料比用过的反应堆燃料或用来对其进行处理的材料的放射性更低些。在美国，这种废弃物存在于 30 个州的 100 多个地点，占地约 200 万英亩。清理工作一般包括挖掘、运送和土壤处理，以及抽取并处理地下水等。沃德·维克（F. Ward Whicker）[1] 曾经写道，处理工作已经花费了 600 亿美元，但风险并没有相应地减少；在某些情况下，这些活动只是把污染物搬来挪去，并通过空气和水进行了传播而已。处理这些场地最安全、最经济而且实用的办法，就是让人们远离这些地方，监测辐射水平。环境科学家，不但在当地的鱼类和鸟类中发现了铯-137 和锶-90，而且也在用来冷却反应堆的一些水池中，及其沉积物中发现了铯-137 及锶-90。不过，据目前所知，这一含量水平很低，不至于有健康方面的影响。清理工作往往是根据心理需求和政治需要，而不是根据科学，往往对类似本底水平的土壤层进行挖掘。想要把放射性物质的所有痕迹都清理掉，那是不可能的，因为我们赖以生存的土壤和岩石本身就具有天然放射性。只是移动一下泥土，就有可能引起生态破坏而没有任何益处。

在 1946 年至 1972 年期间，美国政府在政府所属的场地对低放射性核废料作了浅层掩埋处理，或者向原子能委员会（美国核管理委员会的前身）批准的海洋区域内倾倒核废料。这样做没什么远见，也没责任感，直至 1972 年"伦敦倾倒公约"（"防止倾倒废物和其他物质污染海洋的公约"前身）签订时才

---

[1] 沃德·维克为科罗拉多州立大学放射健康学教授。——译者注

终止。此公约于 1975 年生效。到 2005 年，有 81 个签署国。此前，低放射性核废料曾被谨慎地运送过，但是正如 1980 年美国环境保护署的一份报告所说，因为这种废料"首先是被当作垃圾，在丢弃处理方面没有保存详细的报告。"清理的物品中，有设备、实验室衣服、工具以及其他受到放射性材污染的物品。这大批的废料中还有"放射性钴、锶、镭和铯，有时候，还可能会有少量的'原料'，如铀和钍，或者痕量像钚和浓缩铀这类'特种核材料'"。

距旧金山大约 25 英里的法拉龙岛四周的水域，大约接受了美国倾入太平洋的放射性物质的 99％，在东海岸，约 98％废弃物都倾倒在"大西洋 2800 米场所（Atlantic 2800 Meter Site）"，该场所位于离纽约市海岸 120 英里处，深度为 9200 英尺（2800 米）。这些废料慢慢地被沉积物覆盖（但愿如此）。利用离岸海洋倾倒区的其他核能国家有：新西兰、西欧、北非、中国和日本。此外，苏联曾在极地冰盖下沉没核潜艇。从 1946 年到 1962 年，美国倾倒了大约 89400 个集装箱、大约 3 万亿贝克勒尔以上的放射性物质（一艘核潜艇反应堆放射性的量大概是其二分之一）。海洋倾倒在 1963 年后逐渐淘汰，1970 年后终止。

倾倒的放射性的量，是海洋天然放射性的量的很小一部分，海洋的天然放射性主要来自钾-40，但是也来自铀、氚、碳-14 和铷-87。海洋中的天然放射性总量估计为 140 万亿亿贝克勒尔。这里面包括世界海洋中的大约 45 亿吨铀，这个数目足以在未来的 6500 年中为地球上每一个核设施提供动力。美国能源部橡树岭国家实验室和太平洋西北国家实验室的研究人员于 2012 年 8 月宣布说，利用日本的技术，能够从海水中提炼出来的铀的量增加了一倍多。

福岛第一核电站泄漏的放射性有 80％进入了海洋，人们对此存在着不少争论与担忧，但是，大多数人并不知道 30 多年以来，很多国家在有意地往海洋中倾倒放射性废料。

把放射性废料倾倒入海洋中，看起来是一个糟糕透顶的主意，并且有可能的确如此。不过，从安全角度来看，一旦装有这些物料的容器有泄漏，在这么大量的海水中，这些放射性物料便可得到极大地稀释，这可减少对生物的潜在伤害。例如，福岛第一核电站释放的铯-137 就是在海水中稀释的。由于生物对铯-137 的感知类似于对钾的感知，因此一个放射性铯原子，要与极大量的钾来竞争，才能被生物体吸收。由于稀释和竞争，使铯-137 极不可能对鱼类和其他海洋生命造成长久影响。（食底泥的鱼类——"底栖鱼类"可能例外。）用海水或用流动的水（河流）的稀释起到保护作用，就是核电厂要建在近水之处的原因之一（冷却也是因素之一）。

这种保护作用不适用于封闭式淡水水域。例如，斯堪的纳维亚（半岛）的一些淡水湖就被切尔诺贝利释放的铯-137 污染。这些湖中的鱼所含有的铯-137 量，可能超过安全食用的监管限制标准。

在切尔诺贝利大量的核泄漏之后不久，附近的松树死亡，形成了一片"红色树林"。由于某些种类的松树对辐射的敏感性与人雷同，所以此事颇为令人关注。然而，环境以人意想不到的速度恢复了：如今，核电站周围大部分荒野已经郁郁葱葱，部分原因是这里是无人区。当然，这并不是说核泄漏没有重大影响，仍然存在着动物不育的地区。但是，也有大量的鹿、鼠和鸟类，其他地区的野生动植物在该地区重新繁衍。辐射水平在下降，尽管是缓慢的。

所有这一切，都不应让人忘记一次核事故清理工作的巨大成本，这种清理工作的时间可以长达几十年。没有其他任何能源事故能与这种事故相提并论。不过，把很多化石燃料垃圾与有毒垃圾加在一起的清理费用，也很可观，而且其危险也是长期性的。

放射性废料是一个发人深省的课题，而就其他形式的有毒废料来说，有着同样的发人深省的统计资料。据联合国环境规划署提供的数据，全世界每年有 4.4 亿吨有害废物产生，来自炼油厂、化工厂、医院、照片洗印中心、实验室、农场、干洗店、汽车修理店以及众多其他工业与服务部门。这些垃圾中很多都储存在地面密封的容器中。然而，更多的却是被漫不经心地丢弃在垃圾填埋场和排水道，或者保存不够完备。于是这些有害物质就会无孔不入并最终进入食物链，它们未经处理，仍然有危险。这些废料对人类健康、动物生命与环境的影响，远远超过了核废料，正如在纽约州的尼亚加拉瀑布地区的"爱之运河"❶ 附近所见到的一样——21000 吨有毒废物使城市的一

❶　爱之运河，Love Canal，是美国纽约市尼亚加拉瀑布地区工人阶层的郊外居住区。——译者注

部分被毁掉而废弃。

我们向大气层、向地面、向供水系统抛出了有毒垃圾，我们正在心安理得地毒化着自己的星球。为了过舒适的生活，我们需要电，但是，对于发电所造成的后果，就算我们有所考虑，但也是少之又少。

第 9 章
总　结

　　前面这 199 页的观点，是些复杂的观点，有时要用大量文字来说明，有些是有争议却又无答案的观点，一些读者很用功地读了这些章节，我们表示赞赏和感谢。有些读者在阅读时跟着感觉走，有选择地阅读，尤其是那些直接阅读本章（这不失为一个明智的选择）的读者，我们理解这些读者：生命毕竟是短暂的。面对所有读者，还有偶然不经心读一读书的读者，我们需要就目前所讨论的内容，给大家作一个总结。我们还想加进去一些想法和认识，无可否认，这些想法和认识是复杂的，而且往往都是有争议的问题。

　　写此书，有几个原因。首先，也是最重要的就是，大多数人，甚至是受教育程度高的人对辐射也知之甚少，他们接触过辐射（请别介意"接触过辐射"这个双关用语），如果接触过，也可能是在中学或大学的课程中接触过，而到今天也已经遗忘了。其次，在风险与利益相互矛盾的竞争中，我们大多数人不习惯于谨慎地权衡，在二者中选择其一。这并不是一个缺点，而是因为人类的心智并不完美。有两个根本问题。第一个问题是，人的大脑天生可以快速地处理大量数据，这些数据往往是保管在缓存中的，未进行有意识的处理。第二个问题是，人的大脑天生就对情感变量的考虑，先于对理性变量的考虑。（这个意思并不是说像"爱"这样的情感总是非理性的，而只是说在一般情况下是如此而已。）

第一个处理过程，大量数据的快速潜意识处理，在心理学上是指"薄片撷取"。人们常常主要根据印象便能够很快得出结论，这些印象往往受到过去经历的影响。"薄片撷取"是进化论的结果：当剑齿虎碰巧出现在某个人的洞穴前面时，这个人就没有多少时间去算计这只虎的晚餐计划。有意思的是，这些很快就得出的结论，与做了一番更详细的、耗时的分析之后得出的结论，往往同样有效。但是，有时候就不是这样了。当"薄片撷取"未能得出正确的结论时，其结果可能是不幸的，甚至是灾难性的。这种情况称为沃伦·哈丁式错误，是指美国第 29 任总统沃伦·哈丁。他的外表给人一种眼前一亮的感觉，但是在职期间政绩很差。像与辐射有关的这种复杂的数据，我们就应该用其他方式来代替快速意识处理。另外，一旦我们作出一个结论，改变主意就难了。我们会有选择性地寻找更多的支持数据，不管数据的正确与否，有冲突往往也不去管它，或是随心所欲地放宽要求。假如你对此有疑问，那就想一想目前对进化论的争论吧。

第二个局限就是，感性方面的考虑先于理性方面的考虑。人们下意识地对不同选择的风险和获益进行衡量，例如在利用化石燃料与利用核能发电之间的选择，就是这样。如果选择了一种似乎少有益处或根本没有益处的项目，而放弃另一种，那么后者的风险，就会被不假思索地认为是更大一些。人们下意识地认为核能有很大风险，而化石燃料如果有风险，那也很少。这种潜意识中的估量有一部分与"天然的"这个概念有关。化石燃料看似天然的、有机的（的确是有机的），类似喝麦草果汁或吃脆麦片，而核能是非天然的，是人造的。（的确是人造的！虽然燃料不是人造的。）

我们对利益与风险的估量还受到是否自愿的影响。多数人感到，使用核能是政府与（或者）工业部门强加给自己的一种风险。奇怪的是，这些人对利用化石燃料却没有同样的感觉。这就使核能的风险看起来更加可怕。相当可观的数据表明，社会群体愿意接受 100 至 1000 倍更大的风险，如果这种风险是自愿而不是非自愿的——骑摩托车与乘公车相比就是这样。

最后，风险感知取决于信任。由不信任源促成的风险，比可信任源促成的风险更具威胁性。（政府、工业部门等的）核设施被认为比煤炭或石油工业和监管部门更不值得信任。为什么会这样，尚不清楚。参考一下墨西哥湾深水地平线钻油平台漏油事件，或阿拉斯加的埃克森·瓦尔迪兹号油轮漏油事故吧。

虽然如此，难道我们的理智就不能把这些本能的障碍克服掉，形成清晰的思维吗？不能。在比较缓慢的自觉理性与比较快速的潜意识情感和直觉的复杂相互作用中，大脑的基本结构确保了人更加注重情感。杏仁核这个情感所处的部位，比大脑皮层，这个进行思考的部位，先接收到外部的刺激。正如纽约大学的神经学专家约瑟夫·勒杜克斯（Joseph E. LeDoux）在《脑中有情》（*The Emotional Brain*）一书中所说的"大脑的线路结构……就是这样，即从情感系统到认知系统的联系，强于从认知系统到情感系统的联系。"

人们自然会问：这与本书又有什么关系呢？关系很大。当问及：接触辐射有益处吗？核能发电安全吗？我们是否应该销毁核武器呢？大多数人都求助于"薄片撷取"。只有到后来才会考虑用数据来支持或否认他们的第一印象，而且可能是不情愿地这样做。我们希望通过提供一个无偏见的数据分析，虽然是简单化的分析，来帮助读者对自己的看法再次消化，走过这个比较复杂的分析过程。我们接受简单化带来的危险，并做好充分准备，接受科学同仁的批评，接受在这些复杂课题方面，专业知识水平比我们更高的人提出的批评。对于在诸如核能与核废料问题方面持有偏激看法者提出的批评，我们也会接受。如果两方都批评我们，那么我们将会判定自己的目的已经达到。

因为辐射涉及人们生活中的每个方面，实际上，如果没有辐射就没有生命——人们有必要了解辐射的本质，辐射是如何运作的，辐射能够用来做什么，不能做什么，等等。

于是，就有了若干结论性的想法和意见。首先是，大多数人对辐射的恐惧，与辐射的真正风险不成比例。因生活和工作地点不同，通常我们都接受了非常不同的背景辐射剂量。不过，在这个范围内，很少有数据表明辐射会对健康有不良影响。这就是说，多数人不必担心来自微波炉、电视机屏幕或手机等的辐射。作为普通的人，我们也无须担心飞机场的后向散射 X 射线检查以及其他很低水平的辐射接触。人们在自己的飞行中接触的辐射与在机场相比会更多。（这并不是说，社会应该无视使千万人接触了即使是很小剂量辐射的潜在风险。）

应该注意的是，大多数人都予以忽视的问题：来自医疗程序中所接触到的辐射。我们的年度平均辐射接触的一半来自医疗程序，这其中有 1/3 或者 1/2 是不必要的。不妨问一下你的医生他（她）为什么推介某种检测，并问一问关于风险与益处的衡量，以及自己将要接受的辐射剂量（这一点适用于所有医疗检查和程序，不仅仅是对放射检查而言）。还有，如果你居住在美国和欧洲某些地区，你还应该考虑到自己接触到来自氡气辐射的可能性。在适当情况下，可以在你自己家里测量一下（辐射）水平。如果担心癌症，就不要抽烟，这就不必说了。抽烟，不仅仅使自己（还有家人和朋友）接触大量辐射，它还会与辐射合在一起引起癌症。

核能又怎样？我们既非倡导者又非反对者。我们所鼓励的是，对每种能源的风险和利益的一种谨慎的临界评估，例如核能、化石燃料、水力，太阳能，以及其他能源等。至此，我们算是扼要地讨论了每种能源的优缺点。切记，与非核能源相关联的"核风险"也是存在的，例如，依赖外国石油，这会引向某种军事对峙，这时，战术或战略核武器会派上用场。举个例子，对于日本这样一个缺少能源而依靠外来能源供应的岛国来说，这是上策吗？这难道不会引发一次比福岛第一核电站事故更危险的政治冲突吗？当然，我们不得而知，但是这种复杂的局面值得谨慎考虑。

然而，如果促进了和平的核技术扩散，那么可能促进核武器技术与能力方面的传播，而这种混淆难以避免，又无法阻挡。发展中国家需要廉价、高效能源。印度，这个世界上5个人中就有一个人是印度人的国家，有着不可靠的电力网。

还有，就是核废料的问题。相信这在科学上是一个可以解决的问题，但也是一个政治上的难题。这一问题需要权威的领导力去推进。当今的政治家需要有勇气，通过解决这个问题来为后代造福。一项明智的能源政策得以实现，执行起来需要50年。就今天需要作出的这种艰难决策来说，大多数人都不会获益。问题是，政治人物和能源公司的总裁们有这种自制力和毅力吗？一路走过来的记录并不乐观。

核事故无疑在很多人的脑海中留下了深刻印象，尤其是切尔诺贝利和福岛第一核电站的事故。这些事故，造成了可怕的后果。所幸这些事故并不常见。然而，想到核事故时，人们也应该想起实际生活中像采矿、运输以及燃煤带来的不仅是空气污染和全球变暖，也造成过很多无情的生命损失。因大气的臭氧层变薄而增加的辐射导致的癌症，比一场大的核事故造成的癌症多得多。对能源贪得无厌的需求，是一个难以解决的问题，最佳解决方案或许是多种能源的某种组合。

在核武器这个问题上，没什么好说的。这是否为美苏之间的一种战争威慑手段，还没有肯定的答案。有人认为核武器应该完全销毁。这个目标高尚但幼稚。那样的话，比较可能发生的情况是，我们的敌人将会拥有核武器，而我们自己却没有。

关于辐射，有不少重要的问题我们粗略地谈过，或许根本还没谈到。本书就许多相关话题为读者提供一个概述，而不是在某一两个问题上纠缠不休，如此而已。对此感兴趣的读者，可在网站上，或深入研究的书籍中，找到更详细的信息。

再次感谢读者读到本书的终页。余下的部分，回答了常见问题。其他的问答，请查找网页：www.radiationbook.com。

问与答

如果辐射会引起癌症，对于自己接触到的每一点辐射，包括来自微波炉和手机的辐射，我是不是都要担心呢？

每种辐射都引起癌症的这种可能性很小。微波炉与手机用的电磁波，并没有被证明会对人造成危害。

手机释放出低能量电磁波，这种低能量电磁波是非电离性的，它与某些高能量的紫外线辐射形式不同，它们在活细胞中极不可能引起化学变化。这种辐射唯一得到证明的效果是加热，就像微波炉的微波加热带水食物一样。并没有手机辐射能够使人致癌的已知生物学机制。有关手机使用者中脑瘤和其他相关癌症（脑膜瘤、神经胶质瘤以及耳朵和唾液腺瘤）增加的数据，并不具说服力。而且，尽管在过去十几年中手机使用广泛地增加，但并没有令人信服的文字记载，来说明癌症有任何形式的增加。美国食品和药物管理局、美国疾病控制与预防中心和联邦贸易委员会并没有把手机使用归类于对人有危险。相比之下，国际癌症研究机构和美国癌症协会把使用手机归类于"可能使人致癌"。大家一致认为对手机安全的更多研究是有必要的。如果你担心手机有危险，或许你可以考虑使用蓝牙或类似设备，这样可以使天线（发射电磁波的部件）离自己更远些。

如果某些地方的人比其他地方的人受到更多的自然本底辐射，那么，这些人是否需要搬离呢？

不需要。美国丹佛的人受到的本底辐射比纽约人多。丹佛的居民（居住地高于海平面 1 英里）受到更多来自太阳的辐射，还有更多来自地球的辐射（与纽约的土地相比，落基山脉的铀、钍及氡的含量要多得多）。然而没有数据表明，丹佛的居民比纽约的居民患癌症和发生其他健康问题的风险高。

如果核能有那么多问题，包括核事故和放射性废料，为什么干脆不使用核能呢？

很多国家的用电量相当一部分是来自核发电（美国 20％，日本 30％，法国 80％）。这需要有极大数量级的规划，才能够在不引起重大经济与社会动乱的情况下，转为使用其他能源，例如，煤炭。再者，其他能源有自己本身的问题，如造成环境污染，煤炭与石油造成全球变暖，对国外石油的依赖等。

像切尔诺贝利和福岛那样的核事故能够避免吗？

如果事先知道并了解它的弱点，就可以避免这样的核事故，但是并没有。我们有能力设计并控制任何人为的灾害，只要对它真正地了解，并接受灾害发生的可能性，这样，这种可能性就可以大大地减少。更加先进的反应堆设计，就会减少人工操作对安全的影响。具有这种先进设计的反应堆，正在美国和许多其他国家建设当中。我们尚不能完全避免飞机事故，但是我们并不放弃飞行，而是我们尽力去判断事故发生的原因，并采取预防措施。对于核电站来说，道理相同。我们要采取严谨措施，但是必须承认，事故风险不能减少到零。

接触辐射增加癌症的风险有多大？

这取决于此人所受辐射的量。遗憾的是，不管是否受到额外的辐射，所有的人患癌症的风险都很高，记住这一点很重要。一位目前尚无癌症的 50 岁的美国男子，在他剩余的寿命中，患一种或一种以上癌症的可能性有 45％；对于妇女来说，这个数字是 38％。接触辐射，会增加这种风险，不过，除非这个剂量非常高——公众不太可能受到这样高剂量的辐射，否则，患癌增加的风险很小。受到额外的 1 毫西弗的辐射，患癌症死亡增加的风险，与划 1 小时独木舟或开车 300 英里导致死亡的风险差不多。

能够解决安全处理放射性废料的问题吗？

能。不过需要靠科学的态度来解决，而不是靠政治。有几种储存方式，不过每种都不完美，要解决这一挑战，可能需要综合运用多种储存方式。在处理放射性废料方面我们所面临的问题，与其他能源在这方面所面临的问题十分相似。核废料的优点是，量相对少，缺点是，某些废料的危害时间长，并具有转向非和平目的的风险。

外部辐射和内部辐射有什么不同？

外部辐射是指对身体而言，辐射源在外部的一种情况。辐射源可以是天然的，如宇宙辐射或地面辐射，也可以是人为的，如 X 光机、CT（电脑断层扫描）仪器，或者是放射治疗仪器。来自辐射源的粒子和（或者）电磁波进入或通过身体，可以引起某些组织和器官发生变化。但是，除了来自中子（很罕见）的辐射之外，接触外部辐射，并不会使我们带有放射性。

　　内部辐射的不同之处在于放射性物质进入了，或者被引入了体内。举例说，吸入的空气中，吃进的食物内，或喝进的水里，含有一种或多种放射性核素。有时候，放射性核素被注射进，或被置入身体中。例如，有时为了做 PET 扫描，医生给病人注射放射性葡萄糖，或者为了做甲状腺扫描，注射碘-131。有些患有癌症的病人需要临时在身体内置入放射性铯-137 颗粒。对于乳腺癌和前列腺癌来说，这是一种常见的治疗。当放射性物质进入身体后，人就变得"具有放射性"了。这些放射性物质在体内保留多长时间，取决于多个变量，包括其物理半衰期（放射性衰变的速率）和生物半衰期（在体内停留多长时间）。因医疗程序而身带放射性的人，除了在特殊情况下，对他人来说并无风险。重要的是应该记住，我们所有的人一般都具有"放射性"，放射性是来自体内的天然放射核素，例如钾-40 和碳-14。吞咽了带有放射性的食物和水，只不过是让我们更具有放射性。祝君食欲大开。

为什么对辐照食品争议那么多？

　　大多数食品含有感染致病源，如细菌和霉菌。使用常规杀菌技术往往不可行，因为常规技术可能破坏食物（或破坏食物的营养价值），或者不经济，或者两个原因都有。之后人们用高剂量的辐射对食物进行杀菌。这一技术拯救了世界上成千上万的生命。在辐射杀菌技术成熟之前，许多人死于食物的细菌感染。然而，有些人却认为，利用辐射消毒过的食物就有放射性。错。一般来说，食物是用 X 射线或伽马射线来消毒的。与任何形式的外部辐射一样，这些射线从食物通过，但是并不使食物具有放射性。还有人担心辐照食品含有的称作自由基的毒性物质，可能会对自己的健康不利。虽然这是一种理论上的可能性，不过所有食物都含有天然产生的像自由基一类的致癌物质（也含有防癌物质）。食用辐照食品不利后果的风险，远比食用受到细菌污染食品的死亡风险小。最近几起由肉类大肠杆菌和鸡蛋的沙门氏菌中毒事件，就是很好的例子。欧盟对辐照食品看来感到特别担心（但并不妥当）。在欧盟，辐照食品必须有特别标示。

如果辐射有危险，我是否应该拒绝 X 光检查、CT 扫描（计算机断层扫描）或乳房 X 光检查呢？ 牙科 X 光检查又如何？

因为每一次接触电离辐射，都带来癌症的风险，不论风险多小，每次放射（影像）学检查都应该有一个正当的理由说明为何要做这个检查。如果某次检查的结果可能有用的话，那么这次检查就可能是合理的。然而，假如检查结果对于病人来说没有诊断与（或）治疗的实用价值，那就没有正当理由做这种检查。当一位医生或者牙医建议做一次放射性检查时，你应该问一下检查的目的，检查结果对自己有什么好处，以及你会接触多少辐射。这样，你就能在知情的情况下，在利与弊之间作出决定。例如，自己是否要进行一次常规的结肠镜检查（可能会疼痛），以筛查结肠癌，或者进行一次"虚拟"结肠镜的检查呢？虽然没有疼痛，但"虚拟"结肠镜检查会使你接触大约10毫西弗的辐射，这几乎是你的年度剂量的2倍，比你每年从核燃料循环❶中接触到的辐射的几百倍还多。不间断地在几十年的时间里，通过飞机场的后向散射扫描仪所接触到的剂量，才等于你进行一次"虚拟"结肠镜的检查所接触到的剂量。此外，如果按规定去做，你的一生中需要5次这种检查，那么接触的总量为50毫西弗，这是一个在核电厂上班的工作人员所允许接触的全部的辐射量。这些信息你的医生或牙医应该能够帮助你计算出来。

对飞机乘客进行检查所使用的辐射类型有危险吗？

机场的安检人员一般使用低剂量后向散射的辐射，来筛检乘客的危险物品。一次筛检的剂量是0.001毫西弗，剂量非常小。一次标准的牙科X光检查剂量为0.1毫西弗，这就是说，经历100次后向散射的放射性检查等同于一次牙科X光检查。所有这些，在我们每分钟从来自天然本底（辐射）源所受到的辐射中，占很小的一部分。因此，用这种技术在机场中筛检乘客，应该是安全的。对于那些相信线性、无辐射剂量低限（临界线）假说的人来说，当我们把这个小剂量乘以世界各地每天

---

❶ 核燃料进入反应堆前的制备和在反应堆燃烧后的处理的整个过程。——译者注

在机场经过筛检的数百万人数时，我们就要得出一个数字，说明有些癌症将会是机场安检引起的。对于这种估量癌症风险的办法是不是恰当，存在着争议。健康学物理学学会的辐射防护专家，以及美国核学会的核能倡导者认为，用一个很小的剂量去乘以一个巨大数字的人群是不合适的。也有人认为，每一次接触辐射，都能潜在地引起癌症，这种计算是适当的。正确的答案尚不知道，也可能是不可知的。当然，一个人受到的后向散射筛检的辐射剂量，比他在飞行任何距离期间所受到的辐射剂量要少得多。

我是否需要担心电脑屏幕、电视机以及发光二极管（LED）手表会增加自己的辐射剂量而引起癌症呢？

没有必要担心。虽然这些电子器件可能产生小剂量辐射，但不论你自己或是你的孩子花多少时间玩游戏也好，看电视也好，风险都是非常小的（如果这种风险真的存在的话）。

核能是不是人们最大的核威胁？

我们需要小心谨慎地利用核能。不过，对我们的生命来说，可能会有更大的核威胁——例如，核武器。依赖外国石油资源增加了政治的不稳定性，这又增加了战争的风险。在某些情况下，战术或战略核武器可能派上用场。

核恐怖主义是怎么回事？

核恐怖主义通常是指不属于某个明确政体的人，获得核材料或者放射性物质的危险。被盗的和秘密开发的核材料，可以用来制造炸弹，覆盖常规爆炸装置，或用来污染一处食品供应地或饮水供应地。无疑，核武器是危险的，不过，一个恐怖性的非国家实体能够发展核武器的可能性不大。使用偷来或买来的放射性物质，去对常规炸弹进行改造，这种装置称为临时核装置（IND）或放射性散布装置（RDD）。这类装置一般都会很小，但是，其在心理上、政治上以及经济上的破坏性可能会是巨大的，这主要是因为公众的误解，对接触辐射造成的后果过度恐慌，还有，因为排除放射性污染可能是昂贵的，而且又耗费时间。对抗核恐怖主义的最佳武器，是对放射性材料加强控制以及公众教育。

能否迅速疏散靠近核电站的大城市，或者，这些核电站是否应该关闭呢？

政要们与核能反对者经常提出这个问题，但这一问题是建立在一个错误的假设上的，即，迅速疏散居住在靠近核电站的人或许是必要的，甚至是必需的。事实并非如此。一处核电站并非一件核武器。它不会像一颗原子弹那样爆炸，以狂虐大火和冲击力杀伤人。当出现辐射释放时，或者出现来自受损核电站的辐射释放危险时，通常应让人们待在家里或办公室内（称为"原地躲避"），而不是立即疏散他们。如果立即疏散，那么在放射性云雾通过时，人们就可能在室外，或者在交通堵塞中的汽车里。除非辐射水平十分高，人们会在很短时间内接受到无法承受的剂量，否则，如果需要疏散，疏散也应推迟，应该等到有一个安全的计划制定出来之后，方可疏散，并要谨慎地执行。典型的美国核电站几乎不曾有过要求大量城市人口立即疏散的这种情况发生。然而，（撤离民众）这个理由曾用来阻止耗资 30 亿美元的纽约肖勒姆核电站的运行。在近期关闭纽约印第安角核电站的努力中，也提出了这个问题。美国核电站的选建地址鲜有在非常靠近人口集中的地方（虽然在西欧这种情况较多）。乌克兰的情况则有所不同，有个城市叫普里皮亚季，人口 4 万，在切尔诺贝利核反应堆设施 2 英里内。

当放射性物质最终落到海洋中，这是否有危险呢？

既有危险，也无危险。如果海洋中聚集起来的放射性物质能够避免的话，就应该避免。然而，有时就像福岛事故那样，无法避免。幸运的是，沉积在海洋中的放射性核素，在大量的水中迅速地稀释。这就明显地减少了它们对生物体，例如鱼类和植物造成的风险。此外，某些潜在危险的放射性核素，如铯-137，肯定要与亿万倍的天然的钾相竞争才能进入生物体。还有，即使在它被吸收以后，相对来说它会迅速排出。这样一来，除非有特殊情况，否则，海洋的沉积放射性材料的危险性比其首次出现的危险性要小。大家不应该忘记，从 1946 年到 1972 年期间，很多国家有意地向海洋中倾倒大量的放射性物质（包括沉没的核潜艇）。这种做法已经停止。而且，从 1945 年到 1980 年，大气层核武试验，使海洋中沉积了大量的放射性。最终，大家都不要忘记，通常海洋所含有的放射性核素有不同来源，如地震、河流等，河流中的放射性元素是从土壤中来，这些放射性元素有铀、钍和镭。而且水源通常含有大量的天然的钾-40。

在一次核事故发生后，我需要服用碘片吗？

除非你的医生或者公共卫生部门告诉你需要服用碘片，否则无需服用。非放射性碘，一般是碘化钾，被人体吸收后进入甲状腺的量是不同的，这取决于若干个因素，包括这个人正常饮食中有多少碘。如果甲状腺内充满了正常碘，那就不太可能吸收核事故中释放出来的放射性的碘，如碘-131。相反，过多的正常碘，会对某些人造成伤害。此外，如果儿童偶然不慎摄取了过多的正常碘就会中毒。最后一点是，正常碘在阻止放射性吸收方面发挥作用，那只有在接触放射性形态之前摄入方可奏效。由于存在这些复杂的因素，所以，人们应该只有在要求摄取正常碘片或碘糖浆时，才可以这样做。

如果辐射能致癌，为什么用它来治疗癌症呢？

正常细胞接触电离辐射时，有出人意料的结果。低剂量辐射会引起一些改变，而剂量增加时，增加了破坏细胞 DNA 的可能性。在特殊情况下，对 DNA 的破坏（一次突变）能够致癌。然而，随着辐射剂量进一步增加，细胞的 DNA 就承担了很多突变，使细胞无法存活而死亡。从癌症风险的角度来说，这还好：死亡的细胞不会致癌症。（如果是脑细胞，这就不太妙了。）癌症放射治疗一般是针对身体的某个具体部位，施以高剂量的辐射，通常是癌症部位（有某些例外）。用高剂量的目的，是杀死放射野内的全部癌细胞，放射野内的任何正常细胞也会被杀死。对于肺癌和霍奇金病来说，这种治疗方案可以根除所有的癌细胞并治愈病人。有些原来的正常细胞或不会被辐射杀死，而预期放射野以外的接受了散射辐射的某些细胞，或可能发生突变而生成新的癌症。例如，5％到 10％的霍奇金病患者被治愈，后来患上了白血病，或骨髓增生异常综合征。但是，利用辐射来治疗某些癌症的好处，远远超过患上一种新癌症的风险。

接触人工辐射源是挽救生命还是付出生命？

如果不是因为广泛地使用人工辐射，那么现代生活就谈不上安全了。这些人工辐射包括各种探测器、公路的出口标志牌、用来保证飞机和建筑中钢铁结构完整性的工业用 X 射线等。放射学研究还被用来诊断癌症与其他疾病，并用来治疗癌症。总之，人工辐射拯救的人多于伤害的人。

为什么大家都害怕辐射？

这可是一个复杂的问题了。当辐射最初被发现时，人们对它的潜在益处十分兴奋。很多人特意去寻找像氡洞穴这样的地方，据称在这些地方，他们可以通过接触辐射而增进健康。然而，在原子弹扔到了广岛和长崎之后，事情就很快发生了变化。人们开始认为辐射有危险而不是有益处。这种意识在冷战时的核武竞赛期间增强了。其他的负面影响还有发展核潜艇和军舰的保密状态，以及后来认识到的，来自大气层核武试验的辐射对健康造成的不利影响。

人们对辐射产生恐惧的另一个因素是，自己无法察觉到它。人类已经进化到有技术去处理火灾、地震、水灾以及其他自然灾害，而辐射却是我们的五官察觉不到的。人可能接触到致命剂量的辐射，而在数日、数周之内却毫不知情。这样的想法使多数人害怕："明枪易躲，暗箭难防"。大多数人都知道，在特殊情况下辐射能够引起癌症、先天缺陷、遗传异常，但是人们并不理解，其他能源，例如煤炭、天然气和石油也构成这些危险。例如，很少人意识到，燃煤发电厂产生的每兆瓦电力，使公众接触到的辐射比核电厂多3倍。此外，大多数人并没有意识到自己在日常生活中接触了多少辐射。总之，人们往往认为核发电厂比化石燃料发电厂更可怕，正如与开车事故伤亡相比，人们更害怕乘飞机遇难。每年乘飞机遇难的人数，大大少于开车死亡的人数，而且事故次数少之又少，但是，一次空难的平均死亡人数，比一次汽车事故平均的死亡人数多得多，因此，乘坐飞机看起来更具风险。人在骨子里更害怕的是异常值（亦称离群值）而非平均值。对于一次有多人死亡的核能事故（切尔诺贝利核电站事故有29人），其异常值会比发生次数大得多的、但伤亡较小的化石燃料事故看上去更可怕。化石燃料实际上有着很多的内在危险。

我房间中的氡气危险程度如何？

家中空气和水中的氡浓度越大，潜在危险就越大。在一般美国人接触到的本底辐射剂量中，氡大约占一半。但是并不是均匀分布的。

应该记住，接触氡可能在肺癌的患病原因中占重要比例，对吸烟者来说尤其危险。

宇航员和太空人需要担心辐射吗？

是的。担心很多。太空旅行有许多复杂的风险，其中之一，就是接触了在地球上接触的同样的电离辐射，主要来自光子的 X 射线与伽马射线，光子会携这些射线通过大气层（氡是另外一个问题）。居住在丹佛的人和航空机组人员受到的本底辐射，比大多数人多，因为他们离太阳更近一些，宇航员的情况与他们的情况有相似之处。生活在国际宇宙空间站（ISS）的宇航员，接受了更高的辐射剂量。例如，在宇宙空间站住上6 个月，就会接受到 120 毫西弗剂量的辐射，或者说大约是一般原子弹幸存者接受到的辐射剂量的 1/2。这个剂量大约是他们居住在地球上所接受到的辐射剂量的 60 倍以上。执行长期宇航任务的太空人，尤其是在星际间旅行时，接受到的辐射剂量则高得多。例如，在去火星来回（但愿能回来）的途中，宇航员可能接受到 1000 毫西弗的辐射量，或者说，相当于一般原子弹幸存者接受到的辐射剂量的 5 倍之多。

　　太空人会面临三种辐射源：①太阳粒子事件（来自太阳），它偶然出现，随太阳周期（太阳耀斑和日冕物质抛射）的变化而变化，而且只能部分地预测到；②星系宇宙事件（不包括我们的太阳在内的星系），即失去电子的高能带电原子，以接近光的速度行进，而且几乎能够穿透任何物体；③受地球磁场束缚的辐射带，范艾伦辐射带就是这些高能带电粒子带的一例。

　　此外，虽然科学家对于太空人会接触到的对健康有潜在影响的某些种类的辐射（例如伽马射线和质子）比较了解，但是对重于氢（构成质子）的带电粒子对健康带来的潜在影响，却知之甚少。有两种主要类型的健康事件需要考虑：①短期事件，如对骨髓、胃肠道、眼睛（白内障）、皮肤、心脏和中枢神经系统的损害；以及②癌症。行为的潜在改变也应该关注。

在这方面，美国国家航空航天局（NASA）和航天机构参与了研究，包括设计屏蔽辐射的宇宙飞船，更好地了解接触带电粒子辐射对健康的影响，还有，挑选癌症发生率风险最低的宇航员。例如，火星任务密封舱和好奇号探测车内都装有设备，可测量宇航员在去火星途中和执行任务时会接受到的辐射剂量。

受到相同剂量辐射的人，是不是患癌症的风险相同？

不相同。本书已经谈到了几种重要变量，如年龄和性别。比如，年轻人接触碘-131，比成年人更容易得甲状腺癌。此外，妇女接触辐射后，比男子更可能患癌。其他因素也会对风险有影响。患有某种遗传疾病者，尤其是患有 DNA 损害而缺乏修复能力疾病的人，对辐射引起的癌症更是敏感。这包括患有共济失调毛细血管扩张症的儿童（这种病影响大脑和身体其他部分）、患有范可尼贫血的儿童（一种遗传性血液疾病），也包括患有着色性干皮病的儿童（身体没有能力修复紫外线造成的伤害）。看上去正常的父母，各带一个异常基因（通常他们的孩子都有两个异常基因），这些父母可能也会对辐射引起的癌症有较高的敏感性。没有遗传疾病家族史的人，或可能有基因变异，或者基因突变，（或二者都有，）这也会增加对辐射的敏感性。例如，带有 BRCA2 基因的女性放射技术员，与缺少这种基因的女性放射技术员相比，前者患癌症的风险会增加。（BRCA2 基因是一种与增加乳腺癌和卵巢癌风险有关联的遗传性突变基因。）而且有 BRCA2 基因突变的妇女，对辐射诱发的乳腺癌尤其敏感，或可能会因为经常做乳房 X 光检查而增加患乳腺癌的风险。（这并不是说她们应该放弃乳房 X 光检查，只不过是说与没有 BRCA2 基因突变的妇女相比，做这种检查，会使风险增加而已。）其他相关的情况还有，带有某种形式基因的原子弹幸存者患肺癌的风险有增加，这种基因，为表皮生长因子受体编码，此种受体是调节肺部中某些类型细胞的一种蛋白。

归根结底，不同的人对辐射诱发患癌症的敏感性不同。目前，很难知道一个人的相对敏感性如何，除非有明显的基因异常的家族史。然而，在今后的几十年中，基因序列测定技术的进步有可能改变这种状况。我们需要记住，至于哪些人会患辐射诱发的癌症，还有一种因素，叫做随机性。这两个变量都起作用。无论一个人的潜在遗传易感性如何，在辐射剂量和癌症风险之间，有一种清晰的关系：剂量越大，风险就越大。例如，当我们考虑把谁送往太空，在可能无法避免的高剂量辐射的星际间旅行时，基因敏感性与因为辐射而患癌症的这个问题就很重要了。

欲知与本书有关的更多内容、文章、研究和视觉辅助方面的信息，请访问本书的网站：www. radiationbook. com。

参 考 文 献

Adami, Hans-Olov, David Hunter, and Dimitrios Trichopoulos, eds. *Textbook of Cancer Epidemiology*. Oxford: Oxford University Press, 2002.

Chin, John L. and Allan Ota. "Disposal of Dredged Materials and Other Waste on the Continental Shelf and Slope." In Herman A. Karl, John L. Chin, Edward Ueber, Peter H. Stauffer, and James W. Hendley II, eds., *Beyond the Golden Gate: Oceanography, Geology, Biology, and Environmental Issues in the Gulf of Farallones*. Circular 1198. Menlo Park, Calif.: U. S. Geological Survey and U. S. Department of the Interior, 2006. http://pubs. usgs. gov/circ/c1198/chapters/193-206 _ Disposal. pdf.

Fraley, L., Jr., and F. W. Whicker. "Response of Shortgrass Plains Vegetation to Gamma Radiation—II. Short-Term Seasonal Irradiation." *Radiation Botany* 13, no. 6 (December 1973): 343-352.

Fraley L., and F. W. Whicker. "Response of a Native Shortgrass Plant Stand to Ionizing Radiation." In D. J. Nelson, ed., *Radionuclides in Ecosystems: Proceedings of the Third National Symposium on Radioecology* 999-1006. Washington, D. C.: U. S. Atomic Energy Commission, 1971.

Institute of Medicine, Committee on Thyroid Screening Related to I-131 Exposure, Board on Health Care Services. *Exposure of the American People to Iodine-131 from Nevada Nuclear Bomb Tests*. Washington, D. C.: National Academies Press, 1999.

International Atomic Energy Agency. "Effects of Ionizing Radiation on

Plants at Levels Implied by Current Radiation Protection Standards. ″ Technical Report Series 332. 1992, Vienna.

International Atomic Energy Agency. *Environmental Impact of Radioactive Releases : Proceedings of an International Symposium on Environmental Impact of Radiation Releases*. Vienna, 1995.

National Research Council, Committee on the Biological Effects of Ionizing Radiations, Board on Radiation Effects Research, Commission on Life Sciences. *Health Effects of Exposure to Low Levels of Ionizing Radiation : BEIR V*. Washington, D. C. : National Academies Press, 1990.

National Research Council of the National Academies, Committee to Assess Health Risks from Exposures to Low Levels of Ionizing Radiation, Board on Radiation Effects Research Division on Earth and Life Studies. *Health Risks from Exposure to Low Levels of Ionizing Radiation : BEIR VII*, phase 2. Washington, D. C. : National Academies Press, 2006.

Petryna, Adriana. *Life Exposed : Biological Citizens After Chernobyl*. Princeton, N. J. : Princeton University Press, 2002.

Ramberg, Bennett. *Nuclear Power Plants Weapons of the Enemy*, Berkeley: University of California Press, 1984.

Scerri, Eric. *The Periodic Table, Its Story and Its Significance*. Oxford: Oxford University Press, 2006.

Schottenfeld, David, and Joseph F. Fraumeni Jr. , eds. *Cancer Epidemiology and Prevention*, 2nd ed. New York: Oxford University Press, 1996.

Solomon, Fredric, and Robert Q. Marston, eds. *The Medical Impli-*

cations of Nuclear War. Washington, D. C. : National Academy Press, 1986.

Ulsh, B. A. , T. G. Hinton, J. D. Congdon, L. C. Dugan, F. W. Whicker, and J. S. Bedford. "Environmental Biodosimetry: A Biologically Relevand Tool for Ecological Risk Assessment and Biomonitoring." *Journal of Environmental Radioactivity* 66 (2003): 121-129.

Ulsh, B. A. , M. C. Mühlmann, F. W. Whicker, T. G. Hinton, J. D. Congdon, and J. S. Bedford. "Chromosome Translocations in Turtles: A Biomarker in a Sentinel Animal for Ecological Dosimetry." *Radiation Research* 153 (2000): 752-759.

U. S. Environmental Protection Agency, National Service Center for Environmental Publications. "Fact Sheet on Ocean Dumping of Radioactive Waste Materials," November 20, 1980.

U. S. Nuclear Regulatory Commission. "Backgrounder on Radioactive Waste," February 24, 2011, http: // www. nrc. gov/reading-rm/doc-collections/fact-sheets/radwaste. html.

Whicker, F. W. "Impacts on Plant and Animal Populations." In *Health Impacts of Large Releases of radionuclides. Ciba Foundation Symposium* 203, 74-88. Chichester: John Wiley & Sons, 1997.

Whicker, F. W. "Protection of the Environment from Ionizing Radiation: An International Perspective." In *Second International Symposium on Ionizing Radiation: Environmental Protection Approaches for Nuclear Facilities*, 136-42. Ottawa: Canadian Nuclear Safety Commission, 1999.

Whicker, F. W. "Radioecology: Relevance to Problems of the New Millennium." *Journal of Environmental Radioactivity* 50 (2000):

173-178.

Whicker, F. W. , and L. Fraley Jr. "Effects of Ionizing Radiation of Terrestrial Plant Communities. " *Advances in Radiation Biology* 4 (1974): 317-366.

Whicker, F. W. , T. G. Hinton, et al. "Avoiding Destructive Remediation at DOE Sites. " *Science* 303 (March 12, 2004): 1615-1116.